Skorpione

Dieter Mahsberg
Rüdiger Lippe
Stephan Kallas

unter Mitarbeit von
Wolfgang Schmidt,
Michael Meyer und
Kriton Kunz

Terrarien  Bibliothek
Natur und Tier - Verlag

Der Erstautor (D. M.) widmet dieses Buch
seinem langjährigen akademischen Lehrer,
Chef und Freund, Prof. emeritus
Dr. K. Eduard Linsenmair

Bildnachweis
Titelbild: *Parabuthus transvaalicus* Foto: D. Mahsberg
Hintergrund: *Parabuthus transvaalicus* Foto: D. Mahsberg
Rückseite: Giftstachel von *Parabuthus transvaalicus* Foto: D. Mahsberg
      Pandinus-imperator-Weibchen mit Jungtieren Foto: D. Mahsberg
      Centruroides margaritatus mit erbeuteter Schabe Foto: D. Mahsberg

2. überarbeitete und erweiterte Auflage 2012

ISBN: 978-3-86659-165-3

© 2012 Natur und Tier - Verlag GmbH
An der Kleimannbrücke 39/41
48157 Münster
www.ms-verlag.de

Geschäftsführung: Matthias Schmidt
Lektorat: Heiko Werning & Kriton Kunz
Layout: Nick Nadolny
Druck: Alföldi, Debrecen

Inhaltsverzeichnis

Vorwort

Skorpione lösen bei vielen Menschen gleichermaßen Abscheu und Faszination aus. Sie verkörperten in vielen Kulturen Heimtücke und Unglück und galten als Symbole des Teufels. Im alten Ägypten zierte ein Skorpion das Haupt der Fruchtbarkeitsgöttin Selket, der „Freundin des Todes". Und glaubt man den babylonischen Astrologen, die eine Sternkonstellation „Scorpio" nannten, beeinflussen Skorpione sogar unsere Geschicke (LEVINSON & LEVINSON 2006).

Warum haben ausgerechnet Skorpione einen so schlechten Ruf und müssen oft genug ihr Leben dafür lassen? Wie manche Schlangen und Spinnen – Tiergruppen, denen viele Menschen auch nicht gerade mit Sympathie begegnen – sind Skorpione für den Menschen potenziell gefährlich. Zwar verfügen alle Skorpione über einen Giftstachel, doch besitzen nur etwa zwei Dutzend der rund 1.500 Arten ein Gift, das auch für uns tödlich sein kann. Ihre versteckte, nächtliche Lebensweise macht Skorpione für das Augenwesen Mensch zu unheimlichen Gesellen, denen man leicht mit Misstrauen begegnet. Oft genügt das Wissen um die mögliche Anwesenheit von Skorpionen, um Panik auszulösen. Bei objektiver Betrachtung dagegen sind Skorpione eine Gliederfüßergruppe, die sich in den vielen Jahrmillionen ihrer Stammesentwicklung zumindest äußerlich kaum verändert hat und offenbar ein sehr gutes „Überlebensrezept" der Natur verkörpert.

Was veranlasst nun manche Menschen, Skorpione als doch eher ungewöhnliche Terrarientiere zu pflegen? Angeberei oder Nervenkitzel der „Gefährlichkeit" wegen sind sicherlich schlechte Motive. Skorpione bieten wegen ihres interessanten Verhaltens – sei es bei Beutefang, Paarung oder Brutpflege – viele Möglichkeiten der Beobachtung, auch im Terrarium. Ein Skorpionliebhaber, der die Lebensansprüche seiner Tiere so gut wie möglich erfüllt und sie vielleicht sogar über mehrere Generationen zur Nachzucht bringt, unterscheidet sich damit nicht von anderen verantwortungsbewussten Terrarianern.

Wer Skorpione pflegen will, muss sich jedoch bestimmten Auflagen unterwerfen, die u. U. auch durch Artenschutzbestimmungen und länderspezifische Haltungsgenehmigungen gefordert werden. Skorpionterrarien müssen ausbruchssicher sein und so stehen, dass sie vor allem für Kinder nicht zugänglich sind. Besonders bei der Handhabung gefährlicher Arten müssen Sicherheitsregeln eingehalten werden, um sich und andere nicht in Gefahr zu bringen. Man denke auch an die Möglichkeit von Allergien, die fast jede Art von Tierhaltung mit sich bringen kann, gleichgültig, ob es sich um haarige oder gepanzerte, um giftige oder ungiftige Pfleglinge handelt.

Dieses Buch richtet sich keineswegs nur an den Halter von Skorpionen, sondern an jeden Naturfreund, der Wissenswertes über diese Spinnentiere erfahren möchte. Es versucht, aus der Fülle meist verstreuter und fremdsprachiger Fachliteratur einen kompakten, allgemeinen Überblick über wichtige Aspekte der Biologie von Skorpionen zu bieten und Richtlinien zur Pflege einiger Arten an die Hand zu geben, für deren subjektive Auswahl die Haltungserfahrungen der Autoren maßgeblich waren. Dieses Buch erhebt keinen Anspruch auf Vollständigkeit. So verzichten wir z. B. auf Bestimmungsschlüssel, da diese den vorgegebenen Rahmen sprengen und die Möglichkeiten der meisten Laien überfordern würden, die nicht über eine gute optische Ausrüstung verfügen. Für die meist schwierige Artbestimmung bleibt dann oft nur das mühsame Studium der Fachliteratur. Skorpione lassen sich auch nur selten nach „Bilderbuch" bestimmen. Bei Arten mit unsicherem Status haben wir uns auf die Angabe der Gattung bzw. Familie beschränkt. Eine entsprechende Zurückhaltung bei der Namensvergabe hätte schon manche Verwirrung in der Skorpionliteratur oder auch in

Händlerlisten vermeiden helfen. Heute ist als taxonomische Referenz – nach KRAEPELINS erstem Katalog von 1899 – der „Catalogue of the scorpions of the world (1758–1998)" von FET et al. (2000) verfügbar. An der Nomenklatur dieses Werks orientiert sich auch das vorliegende Buch. Seit seinem Erscheinen wurden jedoch wieder etliche neue Arten beschrieben; teilweise wurden Gattungen und Familien aufgrund neuer Erkenntnisse revidiert (wieder für gültig erklärt). Dies kann auch dazu führen, dass eine Art in zwei oder mehr neue Arten aufgesplittet wurde bzw. von einigen Arten einer Gattung schließlich nur noch eine übrig blieb. Daher wird man in der Literatur auch unterschiedliche Angaben zur Gesamtzahl der Skorpionarten finden. Ob es nun 1.200 oder 2.000 sind, ist lediglich mehr oder weniger plausibel. Schließlich stellt die Systematik Hypothesen über Artbildungsprozesse und Stammesverwandtschaften auf, für die niemand Zeuge war. Sehr hilfreich sind Jan Ove Reins „Scorpion files" (REIN 2012), wo man u. a. eine stets aktualisierte Artenliste findet. Als Einstieg in die zahlreichen Publikationen über Skorpione sei auf die im Literaturverzeichnis angegebenen Aufsätze und Bücher verwiesen. Das Standardwerk ist und bleibt „The biology of scorpions" von Gary A. POLIS (1990a), einem international bekannten Ökologen, der als „Scorpion man" (PRINGLE & POLIS 2008) auch Laien bekannt wurde und im März 2000 im Golf von Kalifornien tödlich verunglückte. Seit „dem Polis" wurden viele neue Erkenntnisse über Skorpione zusammengetragen. Wer sich z. B. für die Bedeutung von Skorpionen für die aktuelle, auch angewandte Forschung interessiert, sei auf „Scorpion biology and research" (BROWNELL & POLIS 2001) hingewiesen. Viele der neueren Arbeiten über Skorpione sind heutzutage als pdf-Dateien online abrufbar und somit auch dem Laien zugänglich, der mehr als nur Haltungsberichte lesen möchte. Wir hoffen, dass unser Buch durch seine allgemein verständliche Sprache auch solchen Lesern die interessante Biologie von Skorpionen erschließt, die sich nicht mit der meist in Englisch publizierten Fachliteratur beschäftigen können bzw. wollen.

Wir bedanken uns bei allen, die uns bereitwillig mit Informationen und wertvollen Hinweisen versorgt haben, Abbildungen überließen, konstruktive Beiträge lieferten oder bei der Pflege unserer Tiere halfen. Besonders erwähnt seien Daniel Bauer, Würzburg; Miriam Brandt, Berlin; Matt E. Braunwalder, Zürich; Phil Brownell, Oregon; Reinhard Ehrmann, Goch; Frank Glaw, München; Andrea Hilpert, Würzburg; Gabriele Junker, Herten; K. Eduard Linsenmair, Unteraltertheim; Sigrid Mahsberg, Waldbrunn; Henry Müller, Pforzheim; Christian Peters, Freiburg; Gary Polis †, Baja California; Martin Rempp, Aalen; Herbert Schiejok, Remscheid; Michael Seiter, A-Pottendorf; Robert Sroka, Mayen (www.skorpionforen.eu); Heike Steingen, Brüssel; Boris Striffler, Euskirchen; Erwin Schröder, Kiel; Benny Trapp, Wuppertal; Siegfried Walter, Mühlacker; Peter Weygold, Freiburg; Miguel Vences, Braunschweig; Bea Wende, Gerbrunn und Michael Warburg, Haifa. Dem Natur und Tier - Verlag danken wir für die gute Zusammenarbeit und für die Bereitschaft, der Lesernachfrage nachzukommen und die „Skorpione" nochmals aufzulegen.

*Dieter Mahsberg, Rüdiger Lippe &
Stephan Kallas, 2012*

Die Beschäftigung mit Skorpionen ist hochinteressant und bereitet viel Freude!
Foto: B. Trapp

Spinnentiere – Landbewohner mit Geschichte

Ursprung und System der Arthropoden

Die Wissenschaft kennt bis heute 1,3 Millionen Tierarten (IUCN 2011). Davon gehören über drei Viertel zum Stamm der Arthropoda (Gliederfüßer), der von Insekten dominiert wird. Das lässt die 5.500 Säugerarten, zu denen auch unsere Spezies zählt, sehr bescheiden aussehen. Vor allem im Meer und im Kronendach tropischer Regenwälder werden immer neue Arten entdeckt, weshalb Schätzungen über die tatsächliche Zahl an Lebewesen, die mit uns diese Erde teilen, zwischen drei und 30 Millionen liegen. So gehen MORA et al. (2011) davon aus, dass wir 86 % aller Arten zu Land und 91 % aller Arten in den Ozeanen noch nicht kennen! Vor allem mit der Zerstörung tropischer Primärwälder und der Übernutzung der Meere verschwinden tagtäglich Arten, von deren Existenz wir nie erfahren haben und deren lange Stammesgeschichte damit jäh endet – mit allen negativen Folgen, die der Verlust an Biodiversi-

tät, an biologischer Vielfalt, mit sich bringt (KÖNIG & LINSENMAIR 1996; GIBSON et al. 2011).

Der Ursprung der so erfolgreichen Gliederfüßer liegt im Erdaltertum. Wie der im Meer lebende „Ur-Arthropode" aussah, wird uns immer verborgen bleiben, da aus dieser frühen Zeit keine Fossilien vorliegen. Im Kambrium – vor etwa 500 Millionen Jahren – existierten bereits zahlreiche Gliederfüßergruppen, von denen viele wie die Dreilapper (Trilobita) längst ausgestorben sind. Zu den Überlebenskünstlern, die es bis heute „geschafft" haben, gehören Krebse, Tausendfüßer und Insekten sowie die Spinnentiere. Sie alle besitzen das arthropodentypische Außenskelett aus Chitin-Protein, an dem gegliederte Extremitäten ansetzen (Gliederfüßer!). Ausbildung und Lage der Gliedmaßen am segmentierten Körper und Ergebnisse der Molekular- und Entwicklungsbiologie liefern wichtige Hinweise zur stammesgeschichtlichen Verwandtschaft von Arthropodengruppen, wozu verschiedene

Die Cheliceren eines Skorpions arbeiten wie kleine Greifzangen

Foto: R. Lippe

Die Cheliceren der Spinnen enden in einer beweglichen Giftklaue, die bei dieser drohenden Vogelspinne (*Psalmopoeus cambridgei*) wie glänzend schwarze Dolche aussehen

Foto: D. Mahsberg

Hypothesen existieren (BUDD & TELFORD 2009; WESTHEIDE & RIEGER 2007).

Man könnte sagen, dass Krebse, Tausendfüßer und Insekten „Erfinder" kauend-beißender Mundwerkzeuge waren (bestehend aus einem Paar Mandibeln und zwei Paar Maxillen), weshalb man sie aus traditioneller Sicht als Mandibulata zusammenfasst.

Diese Mundwerkzeuge wurden vielfach „umgebaut" – man denke nur an die leckenden, saugenden oder stechenden Mundwerkzeuge von Insekten. Als Schwestergruppe der Mandibulata gelten die Chelicerata. Die marinen Asselspinnen (Pantopoda) und Schwertschwänze (Xiphosura) zählt man dazu, aber auch die landlebenden Arachnida (Spinnentiere), unter denen die Skorpione eine besondere Stellung einnehmen.

Die Chelicerata („Scherenträger") verdanken ihren Namen den Cheliceren, die wie kleine Scheren oder Greifer arbeiten. Während diese bei Skorpionen tatsächlich noch wie Greifzangen aussehen, haben z. B. Spinnen fingerartige Giftklauen entwickelt, mit denen sie ihre Beute beißen und bearbeiten. Und unter den Milben gibt es blutsaugende Quälgeister wie die Zecken, die mit ihren stilettartigen Cheliceren die Haut ihrer Opfer anstechen.

Will man Mandibulaten und Cheliceraten „einfach so" voneinander unterscheiden, kann man auf ein leichter einsehbares Merkmal als die Mundwerkzeuge zurückgreifen: Während man am Kopf der Mandibelträger immer ein (Insekten, Tausendfüßer) bzw. zwei Paar (Krebstiere) Fühler (Antennen) findet, sind Scherenträger stets fühlerlos. Zur speziellen Zoologie der Arthropoden siehe auch WESTHEIDE & RIEGER (2007). Zurück zu den Spinnentieren (Arachnida), die gut 100.000 Arten umfassen. Skorpione (Scorpiones oder Scorpionida) machen davon zwar nur 1,5 % der Arten aus, sind aber mindestens so bekannt wie die anderen Spinnentierordnungen, die man als Lipoctena zusammenfasst. Dazu gehören u. a. die Webspinnen (Araneae), Weberknechte (Opiliones), Pseudoskorpione (Pseudoscorpiones) und Milben

Spinnen (hier die Springspinne *Telamonia dimidiata*) sind neben Skorpionen die bekanntesten Arachniden
Foto: D. Mahsberg

Milben sind die weitaus artenreichsten Spinnentiere. Hier *Dinothrombium tinctorium* aus Westafrika.
Foto: D. Mahsberg

Walzenspinnen (Solifugae) bevorzugen wie Skorpione warme Lebensräume, wo sie dann oft in Räuber–Beute-Beziehung zueinander stehen
Foto: D. Mahsberg

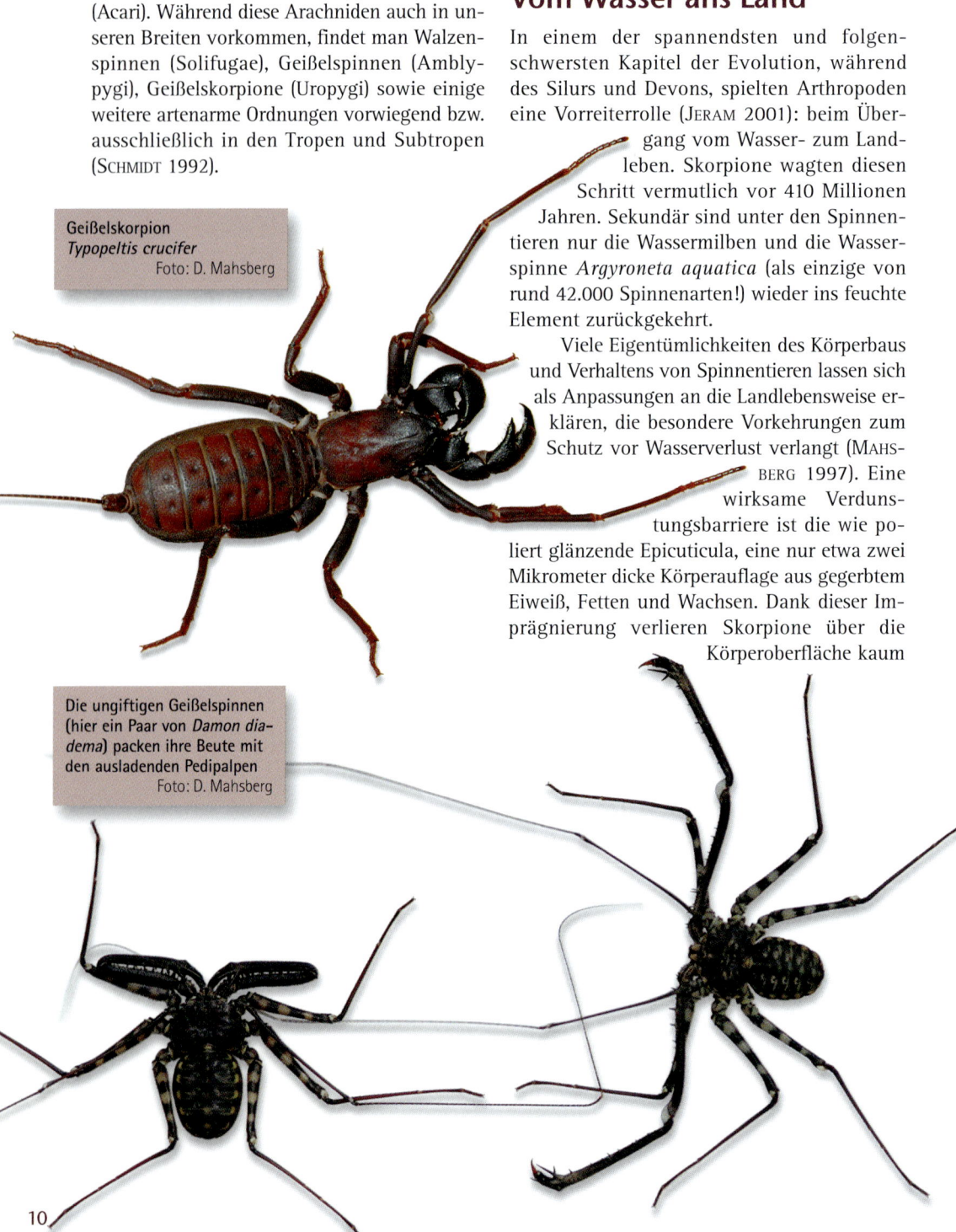

(Acari). Während diese Arachniden auch in unseren Breiten vorkommen, findet man Walzenspinnen (Solifugae), Geißelspinnen (Amblypygi), Geißelskorpione (Uropygi) sowie einige weitere artenarme Ordnungen vorwiegend bzw. ausschließlich in den Tropen und Subtropen (SCHMIDT 1992).

Geißelskorpion
Typopeltis crucifer
Foto: D. Mahsberg

Vom Wasser ans Land

In einem der spannendsten und folgenschwersten Kapitel der Evolution, während des Silurs und Devons, spielten Arthropoden eine Vorreiterrolle (JERAM 2001): beim Übergang vom Wasser- zum Landleben. Skorpione wagten diesen Schritt vermutlich vor 410 Millionen Jahren. Sekundär sind unter den Spinnentieren nur die Wassermilben und die Wasserspinne *Argyroneta aquatica* (als einzige von rund 42.000 Spinnenarten!) wieder ins feuchte Element zurückgekehrt.

Viele Eigentümlichkeiten des Körperbaus und Verhaltens von Spinnentieren lassen sich als Anpassungen an die Landlebensweise erklären, die besondere Vorkehrungen zum Schutz vor Wasserverlust verlangt (MAHSBERG 1997). Eine wirksame Verdunstungsbarriere ist die wie poliert glänzende Epicuticula, eine nur etwa zwei Mikrometer dicke Körperauflage aus gegerbtem Eiweiß, Fetten und Wachsen. Dank dieser Imprägnierung verlieren Skorpione über die Körperoberfläche kaum

Die ungiftigen Geißelspinnen (hier ein Paar von *Damon diadema*) packen ihre Beute mit den ausladenden Pedipalpen
Foto: D. Mahsberg

Wasser, wobei Wüstenarten besonders sparsam sind. Manche ertragen selbst einen Wasserverlust von bis zu einem Drittel ihres Körpergewichts. Trotzdem können auch an aride (trockene) Bedingungen gut angepasste Skorpione vertrocknen und sterben, wenn man sie permanent zu warm hält. Wenn manche Arten kurzfristig auch Temperaturen um 45 °C tolerieren, so verändert sich dabei doch die molekulare Struktur des epicuticulären Schutzmantels, der dann seine Funktion als Wassersperre verliert.

Landlebewesen müssen nicht nur ihre Körperoberfläche, sondern auch ihr Atemsystem vor übermäßigem Wasserverlust schützen. Die Kiemenblättchen (Buchkiemen) an den Hinterleibsbeinen, mit denen die marinen Pfeilschwänze Sauerstoff aus dem vorbeiströmenden Wasser aufnehmen, wären an Land als Atemorgane völlig ungeeignet, da sie zusammenkleben und austrocknen würden. Daher haben Spinnentiere ihre Atemorgane geschützt ins Körperinnere verlagert (nur die meisten Milben können wegen ihrer Winzigkeit gänzlich auf Atemorgane verzichten). Bei einigen Ordnungen, so auch bei Skorpionen, münden auf der Bauchseite des Hinterleibs Buch- oder Fächerlungen. Ihren Namen tragen sie wegen der zahlreichen hämolymphdurchströmten Atemtaschen, die wie die Seiten eines Buches oder wie die Lamellen eines Fächers übereinander liegen. Mit der Außenluft stehen diese Atemorgane über Stigmenöffnungen in Verbindung. Spinnen besitzen ebenfalls Fächerlungen, atmen aber zusätzlich noch über fein verzweigte Röhrentracheen, die denen der Insekten sehr ähnlich sind (WESTHEIDE & RIEGER 2007). Das höchstentwickelte Atemsystem aller Spinnentiere besitzen die flinken Walzenspinnen (Solifugae), deren Körper ausschließlich von einem leistungsfähigen Netz von Tracheen durchzogen ist.

Der eindiffundierte Luftsauerstoff koppelt bei den meisten Arthropoden an das kupferhaltige Atmungsprotein Hämocyanin an, das in der Körperflüssigkeit (Hämolymphe) gelöst ist und den Transport des lebenswichtigen Gases zur Zelle übernimmt. Das „Blut" von Skorpionen ist farblos und nicht rot wie das hämoglobinhaltige des Menschen. Skorpione werden aber „blaublütig", wenn ihr Hämocyanin mit Sauerstoff beladen ist.

Wenn man von manchen pflanzensaugenden oder organischen Abfall fressenden Milben absieht, sind die meisten Spinnentiere Räuber. Sie können ihre Beute aber nicht als Ganzes hinunterschlucken, da selbst große Vogelspinnen eine vergleichsweise winzige Mundöffnung besitzen und kauende Mundwerkzeuge fehlen. Auch Skorpione eröffnen und bearbeiten ihre Beute mit den Cheliceren und speicheln sie dabei mit einem enzymhaltigen Sekret der Mitteldarmdrüsen ein, das außerhalb des Körpers die chemische Nahrungszerlegung einleitet. Der so verflüssigte Nahrungsbrei wird durch die Pumpwirkung des muskulösen Vordermagens zur weiteren Verdauung eingesogen. Unverdauliche Partikel filtern Spinnentiere vor der Mundöffnung durch Haarreusen aus. Die bereits erwähnte Wasserspinne simuliert Landbedingungen, damit auch bei ihr die Außenverdauung funktioniert: Sie zieht sich zum Fressen unter Wasser in eine Luftglocke zurück (FOELIX 1992, 2010).

Skorpione (hier *Leiurus quinquestriatus*) sind perfekt an das Leben an Land angepasst
Foto: D. Mahsberg

Für dieses drohend nach Burma (Myanmar) ausgerichtete Monument in Mae Sai, N-Thailand, ...

Foto: F. Fischer

die sich sonst nur Wasserbewohner leisten können (z. B. Fische, Amphibien). Skorpione paaren sich, indem sie Spermien über eine Spermatophore an das Weibchen übergeben.

Neben den Mundwerkzeugen besitzen Spinnentiere erkennbare Gliedmaßen (Pedipalpen und Laufbeine) nur am Vorderkörper, den man bei Cheliceraten allgemein als Prosoma bezeichnet. Daran schließt der Hinterleib (Opisthosoma) an. (Hier sollte man nicht von einem „Abdomen" sprechen, da dieser Begriff dem Hinterkörper von Insekten vorbehalten ist.) Diese beiden Körperabschnitte sind Beispiele dafür, wie bei Arthropoden ursprünglich unspezialisierte Segmente zu sogenannten Tagmata, das sind Einheiten mit bestimmten Funktionen, verschmolzen sind. Bei Insekten sind dies Kopf, Brust und Hinterleib. Auch das macht es leicht, die grundsätzlich sechsbeinigen Insekten nicht mit Spinnentieren zu verwechseln, die (mit Ausnahme der sechsbeinigen Milbenlarven) immer vier Paar Laufbeine besitzen.

Auch das Ausscheidungssystem der Spinnentiere (ebenso wie das von Tausendfüßern und Insekten) verrät, was für effiziente „Wassersparer" diese Landbewohner sind. Mithilfe der Malpighi-Gefäße – blind geschlossene Schläuche an der Grenze vom Mittel- zum Enddarm – bilden sie einen exkrethaltigen Primärharn, dem im Enddarm noch restliche Nährstoffe und Wasser entzogen werden. Entgiftet wird der Körper durch Abgabe einer weißlichen Paste aus Guanin, ein wasserunlösliches, stickstoffhaltiges Stoffwechselendprodukt.

Spinnentiere mussten auch Alternativen zur äußeren Besamung entwickeln,

Überlebenskünstler Skorpion

Skorpione kann man als „lebende Fossilien" bezeichnen, denn ihre Wurzeln reichen bis ins mittlere Silur zurück (vor 450 Millionen Jahren), wo sie vermutlich noch semiaquatisch lebten. Manche Paläontologen nehmen an, dass ihre nächsten Verwandten die im urzeitlichen Süß- und Brackwasser weit verbreiteten Seeskorpione (Eurypterida) waren, von denen viele bereits einen skorpionähnlichen „Schwanz" mit einem Stachelanhang sowie zum Beutefang geeignete Vorderextremitäten besaßen. Mit einer Länge von 1,8 m

... stand vermutlich *Heterometrus* Modell

Foto: F. Fischer

war *Pterygotus rhenanus* nicht nur der Größte dieser faszinierenden Unterwasserjäger, sondern auch einer der größten bisher bekannten Arthropoden überhaupt. Während Seeskorpione ausstarben, wurden Skorpione immer erfolgreicher und dürften die „Top-Räuber" paläozoischer Landlebensräume gewesen sein. Skorpione erreichten ihre Blüte vor ca. 300 Millionen

Vom Täter zum Opfer: Eine Hauswinkelspinne (*Tegenaria atrica*) hat einen jungen Skorpion erbeutet
Foto: D. Mahsberg

Jahren im Karbon. Neben dem fossilen, etwa einen Meter langen *Praearcturus gigas* hätten selbst die Riesen unter den heute lebenden Skorpionen wie Zwerge gewirkt. Die morphologische Vielfalt der nur 121 bekannten fossilen Skorpione deutet darauf hin, dass die 18 heute nach PRENDINI (2011) noch existierenden (rezenten) Familien ein kleines Überbleibsel einer artenreichen Skorpion-Ahnenreihe sind (s. a. STRIFFLER 2011a).

Skorpione sind nicht nur stammesgeschichtliche Überlebenskünstler. Als wechselwarme Tiere sind sie weitgehend von externen Wärmequellen abhängig, die Körpertemperatur und Aktivität unmittelbar beeinflussen. Dank einer unter Arthropoden unvergleichlichen Fähigkeit zur Stoffwechselabsenkung können sie aber auch auf „Sparflamme" schalten und so Nahrungsengpässe bzw. Wasserknappheit überstehen. Die über die Beute aufgenommene Energie – oft stammt sie von Artgenossen – setzen Skorpione sehr effektiv in Nachkommen um, was manchen Arten zu außergewöhnlich hohen Populationsdichten verhilft (POLIS 2001; LIGHTON et al. 2001). Verdauungszentrum und Nährstoffspeicher ist der Hepatopankreas („Leber"), ein schlauchförmiges Drüsenorgan im Mesosoma mit großer Oberfläche, das etwa ein Fünftel der Körpermasse eines Skorpions ausmacht. Wenn manche Skorpione in

der Natur einige Monate oder ein Jahr lang schadlos hungern, relativiert sich die Sorge des Terrarianers, wenn sein Tier einmal eine Woche fastet.

In Horrorszenarien zur Welt nach dem totalen Atomkrieg sollen neben strahlenfesten Schaben auch Skorpione das Inferno überleben. Es bleibt zu hoffen, dass uns dieses Experiment erspart bleibt. Die im Vergleich zum Menschen um das 100-fache höhere Widerstandsfähigkeit mancher Wüstenskorpione gegen Gamma-, Neutronen- und Röntgenstrahlung ist jedoch nachgewiesen (NIAUSSAT & GRENOT 1968; GOYFFON & ROMAN 2001). Sie korreliert mit einem geringen DNA-Gehalt ihrer Körperzellen, einem groben Maß für Strahlenresistenz (Skorpione feuchterer Lebensräume sind sehr viel strahlungsempfindlicher und weisen höhere DNA-Werte auf). Vor schädlichen Strahlungseinflüssen könnten Skorpione neben besonders niedrigem Stoffwechsel, geringen Zellteilungsraten und effektiven Mechanismen der DNA-Reparatur auch durch besondere „Radikalenfänger" geschützt sein. In jedem Fall scheinen Skorpione verschiedene Rezepte auf Lager zu haben, die ihnen das Jahrmillionen währende Überleben auch unter strahlungsintensiven Umweltbedingungen ermöglichten.

Körpergliederung und Extremitäten

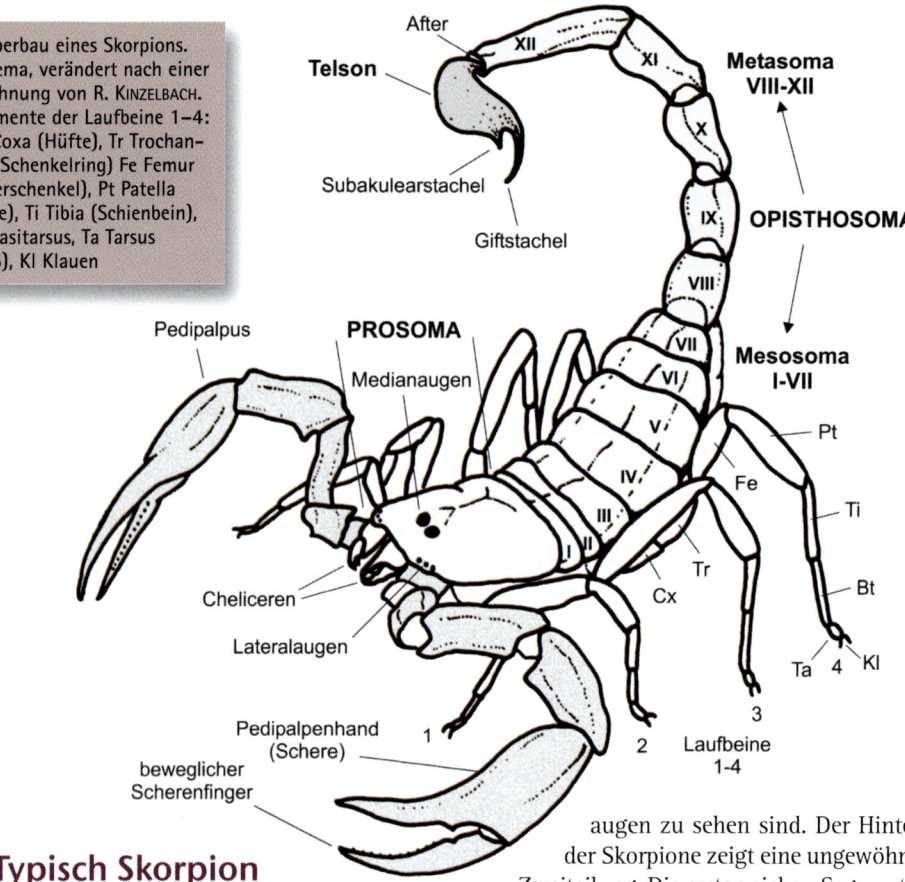

Körperbau eines Skorpions. Schema, verändert nach einer Zeichnung von R. Kinzelbach. Segmente der Laufbeine 1–4: Cx Coxa (Hüfte), Tr Trochanter (Schenkelring) Fe Femur (Oberschenkel), Pt Patella (Knie), Ti Tibia (Schienbein), Bt Basitarsus, Ta Tarsus (Fuß), Kl Klauen

Typisch Skorpion

Die Gesamterscheinung (Habitus) eines Skorpions wird von seiner Körpergliederung geprägt, die trotz prinzipieller Gemeinsamkeiten mit anderen Arachniden skorpiontypische Besonderheiten aufweist. Wie bei allen Spinnentieren gliedert sich der 18-segmentige Körper in zwei große Abschnitte, die ohne Einschnürung (wie man sie z. B. bei Spinnen findet) ineinander übergehen: den Vorderkörper (Prosoma) und den Hinterleib (Opisthosoma). Die Grenze zwischen diesen beiden Abschnitten liegt am Hinterrand des Carapax, einem in Aufsicht ungegliederten Rückenschild, der den Vorderkörper schützend bedeckt und in dessen Zentrum zwei Median-

augen zu sehen sind. Der Hinterleib der Skorpione zeigt eine ungewöhnliche Zweiteilung. Die ersten sieben Segmente, die man als Mesosoma zusammenfasst, sitzen breit am Prosoma an. Die mesosomalen Rücken- und Bauchplatten sind durch weiche Intersegmental- oder Flankenhäute (Pleuren) verbunden, die bei gut genährten oder trächtigen Skorpionen stark gedehnt sind und die Tiere dann „dick" erscheinen lassen. Bei den folgenden fünf Segmenten fehlen Pleuren, vielmehr sind hier Rücken- und Bauchplatten zu Ringen verwachsen, die gelenkig miteinander verkoppelt sind. Dieses Metasoma, der „Schwanz" der Skorpione, gehört noch zum Hinterleib, was die Lage der Afteröffnung am Ende des fünften Rings beweist. Das anschließende blasige und spitz zulaufende Ge-

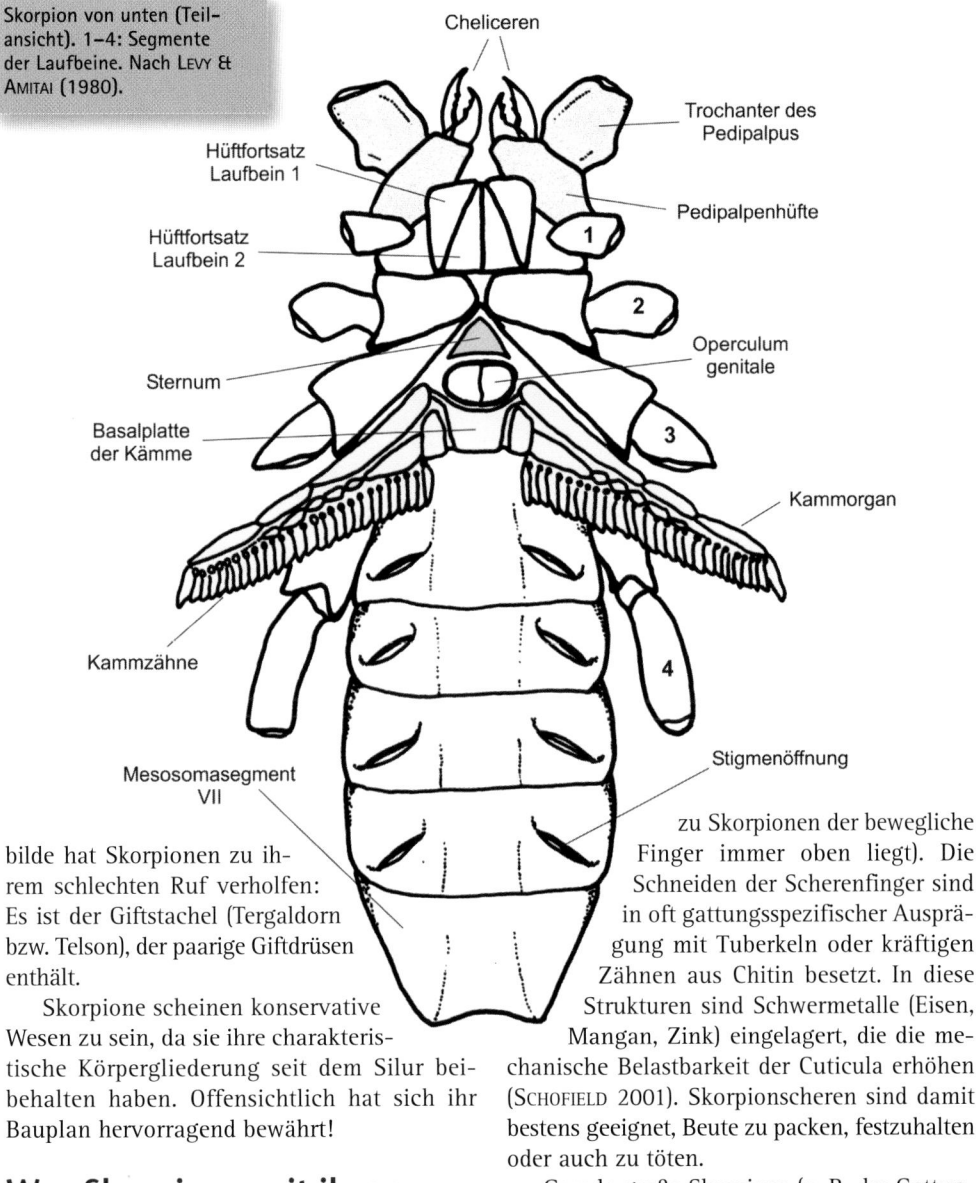

Cheliceren

Trochanter des
Pedipalpus

Hüftfortsatz
Laufbein 1

Pedipalpenhüfte

Hüftfortsatz
Laufbein 2

Operculum
genitale

Sternum

Basalplatte
der Kämme

Kammorgan

Kammzähne

Stigmenöffnung

Mesosomasegment
VII

bilde hat Skorpionen zu ihrem schlechten Ruf verholfen:
Es ist der Giftstachel (Tergaldorn
bzw. Telson), der paarige Giftdrüsen
enthält.

Skorpione scheinen konservative
Wesen zu sein, da sie ihre charakteris-
tische Körpergliederung seit dem Silur beibehalten haben. Offensichtlich hat sich ihr
Bauplan hervorragend bewährt!

Was Skorpione mit ihren Gliedmaßen machen

Werfen wir einen Blick auf die Extremitäten,
dann fallen sofort die Pedipalpen auf, deren
„Hände" zu Greifscheren umgebildet sind, ähnlich wie bei einem Krebs (bei dem im Gegensatz

zu Skorpionen der bewegliche
Finger immer oben liegt). Die
Schneiden der Scherenfinger sind
in oft gattungsspezifischer Ausprä-
gung mit Tuberkeln oder kräftigen
Zähnen aus Chitin besetzt. In diese
Strukturen sind Schwermetalle (Eisen,
Mangan, Zink) eingelagert, die die me-
chanische Belastbarkeit der Cuticula erhöhen
(Schofield 2001). Skorpionscheren sind damit
bestens geeignet, Beute zu packen, festzuhalten
oder auch zu töten.

Gerade große Skorpione (z. B. der Gattungen *Pandinus*, *Opistophthalmus* und *Heterometrus*) nutzen primär ihre Scherenkraft und
setzen den Giftstachel eher selten ein. Bestimmte *Opistophthalmus*-Arten knacken sogar
Schneckengehäuse! Obwohl dies sehr „be-
eindruckend" ist, können solche großen Skor-

Cheliceren eines Kaiserskorpions (*Pandinus imperator*)
Foto: D. Mahsberg

der Prosomavorderwand liegen. Die Bezahnung der Chelicerenfinger ist ebenfalls ein wichtiges Bestimmungsmerkmal. Die Cheliceren greifen als kleine, dreigliedrige Scherchen alternierend aus dem Mundvorraum heraus und zerpflücken die Beute, die gleichzeitig mit Verdauungssaft eingespeichelt wird. Skorpione lassen sich beim Fressen meist viel Zeit, und es kann Stunden dauern, bis sie die durch Enzyme vorverdaute Nahrung restlos eingesaugt haben. Kräftige Borsten an der Innenseite der Cheliceren verhindern das Eindringen unverdaulicher Reste in den Mundvorraum. Vom Mahl bleibt meist nur ein Klumpen zerhäckselter Gliederfüßerpanzerung übrig. Mit etwas Erfahrung sowie Freude am „Puzzlen" kann man dann auch posthum noch Rückschlüsse auf die Beute des Skorpions ziehen.

pione aber niemals Finger brechen, wie man manchmal liest. Die Pedipalpen sind auch Sitz zahlreicher Sinnesgruben und -haare, die vor allem mechanische und chemische Reize der Umgebung aufnehmen. Die interessante Funktion der feinen Becherhaare (Trichobothrien) wird später erläutert („Nichts als Haare ...").

War die Jagd erfolgreich, führt der Skorpion sein Opfer mit den Scherenhänden zu den Cheliceren, die zwischen den Pedipalpenhüften an

Mit ihren vier Paar Laufbeinen, die aus jeweils acht Gliedern zusammengesetzt sind, können Skorpione gut laufen, klettern und graben. Ein schlankbeiniger *Androctonus bicolor aeneas* brachte es bei einem Fluchtlauf auf 0,72 km/h (MAHSBERG, unveröffentl.). Allerdings sind Skorpione keine Dauerläufer, sondern nach Physiologie und Verhalten eher Ansitzjäger, die nach kurzer Aktivität lange Ruhepausen einlegen (müssen).

Kaiserskorpione (*Pandinus imperator*) greifen gemeinsam einen tropischen Diplopoden an. Am letzten Körperdrittel ist ein durch Scherendruck gebrochener Rumpfring zu sehen, ...
Foto: D. Mahsberg

... und hier pflücken die Cheliceren einen weiteren Ring ab
Foto: D. Mahsberg

Die Fußglieder (Tarsen) mit ihrer zweihakigen Kralle sind gut an den spezifischen Untergrund angepasst. In Dünen lebende Skorpione wie *Opistophthalmus flavescens* z. B. haben lange Haarsäume an den Tarsen, um nicht im Sand einzusinken. Klettermeister unter Skorpionen sind schlankbeinige tropische Buthiden. Den Rekord dürfte *Tityus paraensis* (= *T. obscurus*) halten, der nach LOURENÇO (1997) im Kronendach bis zu 40 m hoher Primärwaldriesen gefunden wurde. An glatten Flächen finden Skorpionfüße keinen Halt, da ihnen Haftstrukturen fehlen, wie sie z. B. bei vielen Insekten vorkommen.

Unterseite eines männlichen *Parabuthus transvaalicus* mit dreieckigem Sternum, Genitalplatte und Kämmen. Die Kammzähne sind länger als beim Weibchen.
Foto: D. Mahsberg

Zwischen den Hüften der dritten und vierten Laufbeinpaare liegt die Brustplatte (Sternum), deren Form für die Bestimmung von Skorpionen auf Familienniveau sehr wichtig ist.

Eine evolutive Neuheit der Skorpione, die diese Arachniden damit eindeutig charakterisiert, sind die beweglichen, dicht mit Sinnesorganen besetzten Kammorgane (Pectines), die wegen ihrer Kammzinken ähnlichen Zähne keinen treffenderen Namen tragen könnten. Wie die Spinnwarzen der Spinnen (FOELIX 1992, 2010) sind sie aus umgebildeten Gliedmaßen hervorgegangen. Setzt man einen Skorpion in ein Glas und betrachtet ihn von unten, sieht man die Kämme V-förmig vom Körper abstehen. Wozu Skorpione einen Kamm brauchen, wird später erläutert.

Der schwarze *Androctonus bicolor aeneas* (Buthidae) aus Nordafrika ist ein geschickter, schneller und aggressiver Jäger
Foto: D. Mahsberg

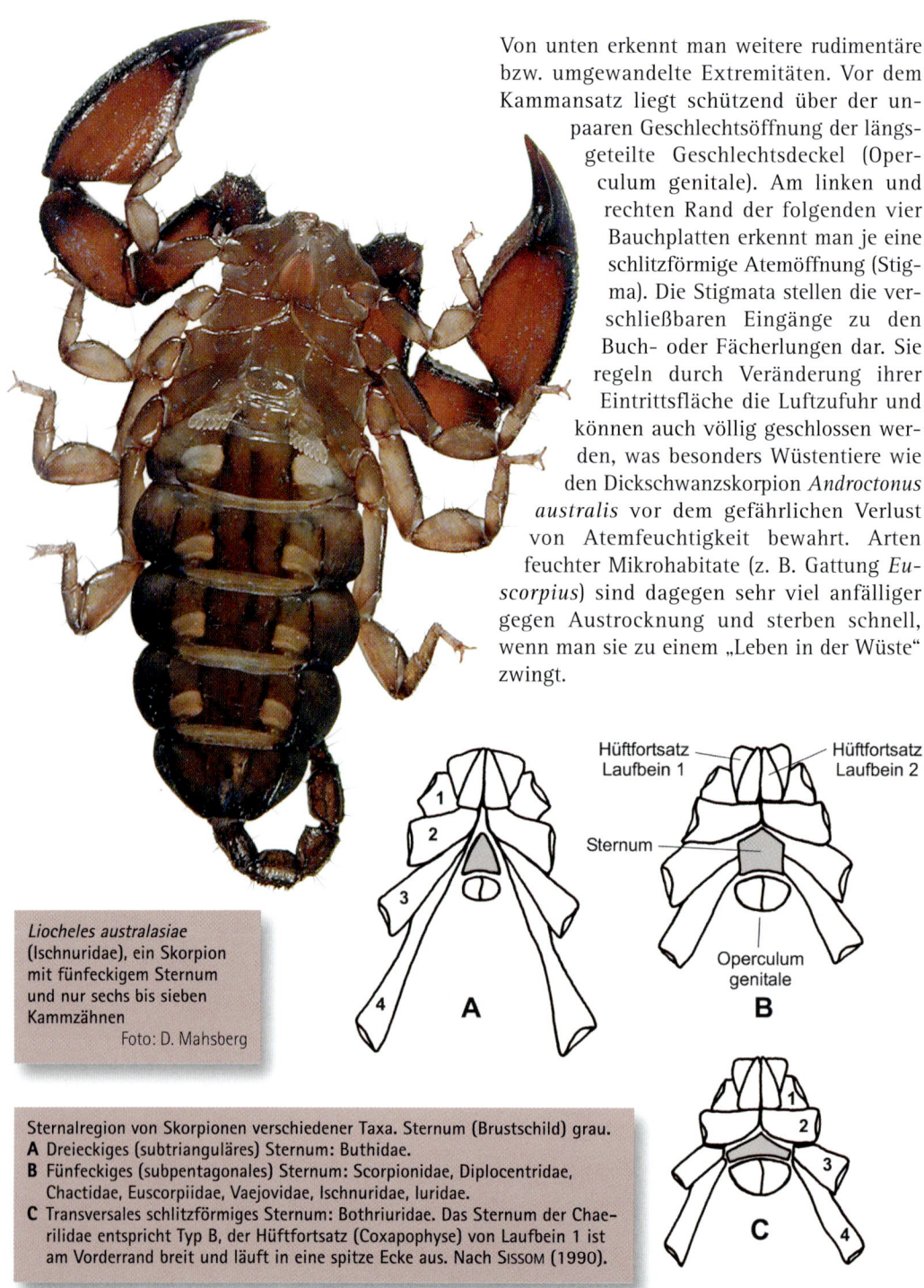

Von unten erkennt man weitere rudimentäre bzw. umgewandelte Extremitäten. Vor dem Kammansatz liegt schützend über der unpaaren Geschlechtsöffnung der längsgeteilte Geschlechtsdeckel (Operculum genitale). Am linken und rechten Rand der folgenden vier Bauchplatten erkennt man je eine schlitzförmige Atemöffnung (Stigma). Die Stigmata stellen die verschließbaren Eingänge zu den Buch- oder Fächerlungen dar. Sie regeln durch Veränderung ihrer Eintrittsfläche die Luftzufuhr und können auch völlig geschlossen werden, was besonders Wüstentiere wie den Dickschwanzskorpion *Androctonus australis* vor dem gefährlichen Verlust von Atemfeuchtigkeit bewahrt. Arten feuchter Mikrohabitate (z. B. Gattung *Euscorpius*) sind dagegen sehr viel anfälliger gegen Austrocknung und sterben schnell, wenn man sie zu einem „Leben in der Wüste" zwingt.

Hüftfortsatz Laufbein 1

Hüftfortsatz Laufbein 2

Sternum

Operculum genitale

A **B**

Liocheles australasiae (Ischnuridae), ein Skorpion mit fünfeckigem Sternum und nur sechs bis sieben Kammzähnen
Foto: D. Mahsberg

C

Sternalregion von Skorpionen verschiedener Taxa. Sternum (Brustschild) grau.
A Dreieckiges (subtrianguläres) Sternum: Buthidae.
B Fünfeckiges (subpentagonales) Sternum: Scorpionidae, Diplocentridae, Chactidae, Euscorpiidae, Vaejovidae, Ischnuridae, Iuridae.
C Transversales schlitzförmiges Sternum: Bothriuridae. Das Sternum der Chaerilidae entspricht Typ B, der Hüftfortsatz (Coxapophyse) von Laufbein 1 ist am Vorderrand breit und läuft in eine spitze Ecke aus. Nach SISSOM (1990).

Die Sinneswelt der Skorpione

Was sehen Skorpione?

Skorpione besitzen zwei Typen von Augen, die sich neben ihrem Feinbau durch ihre Lage am Prosoma unterscheiden. Die beiden Median- oder Hauptaugen mit ihren glänzenden Glaskörpern liegen nebeneinander etwa in der Mitte des Carapax und überblicken den gesamten Raum über dem Tier, während 2–5 oft nur schwer erkennbare Lateral- oder Nebenaugen jeweils an der linken bzw. rechten vorderen Seitenkante des Carapax stehen. Die glaskörperlosen Lateralaugen sind vermutlich reduzierte Komplexaugen, die man unter den Cheliceraten nur von fossilen Skorpionen und den rezenten Pfeilschwänzen kennt.

Aufgrund des Feinbaus seiner bis zu zwölf höchstens stecknadelkopfgroßen Augen sieht ein Skorpion nicht sonderlich gut. Auch nahe Beute wird er nicht wirklich erkennen – seinen Pfleger schon gar nicht. Skorpionaugen arbeiten vielmehr wie Nachtsichtgeräte, mit denen sie sich in für uns Tagwesen stockfinsteren Neumondnächten noch gut im Gelände orientieren können. Das Frankfurter Zoologehepaar Fleissner zeigte an Wüstenskorpionen, dass die Wanderung sogenannter Schirmpigmente in den Sehzellen zu einer periodischen Empfindlichkeitsveränderung der Medianaugen führt, die nachts dann über 1.000 Mal lichtempfindlicher sind als am Tag (FLEISSNER 1986). Dies könnte Skorpionen sogar den nächtlichen Sternenhimmel als Landkarte erschließen (LINSENMAIR 1968). Der Tag-Nacht-Rhythmus der Pigmentwanderungen bleibt auch im dauerdunklen Versuchslabor bestehen und spiegelt sich im Verhalten des Skorpions wider, der dann „tags" ruht und „nachts" wieder aktiv wird. Da die innere Uhr, die Ruhe und Wachphasen einlautet, nicht im exakten 12-Stunden-Rhythmus geht (sie ist nur eine circadiane Uhr), weicht das Aktivitätsmuster eines Skorpions bei „Dunkelhaft" mit der Zeit immer mehr vom natürlichen Tag-Nacht-Wechsel ab. Unter normalen Bedingungen stellen Skorpione mithilfe ihrer belichtungsmessenden Lateralaugen die innere Uhr immer wieder nach. Sie steuert den Tagesablauf physiologischer Prozesse und regelt das Verhalten, weshalb man auch von einer physiologischen oder biologischen Uhr spricht. Solche Uhren ticken bei allen Lebewesen, von Pflanzen und Tieren bis hin zum Menschen. Skorpione sind bewährte Versuchstiere, wenn es darum geht, die neurobiologischen Grundlagen dieser Uhrwerke zu erforschen (FLEISSNER & FLEISSNER 2001). In je-

Vorderkörper eines Skorpions (*Opistophthalmus flavescens*): Zu sehen sind die Median- und Lateralaugen auf dem Carapax, die dunkelbraunen Cheliceren, die Pedipalpen mit Sinneshaaren und Laufbeine.
Foto: D. Mahsberg

Medianaugen, hier sehr gut an einem *Isometrus maculatus* zu erkennen
Foto: D. Mahsberg

sich am besten nach ihrer Funktion unterscheiden. Es gibt Sinneshaare, die auf direkte Berührung ansprechen und die Stärke oder chemische Natur eines Kontaktreizes melden. Solche zum „Schmecken" geeigneten Kontaktchemosensillen sitzen gehäuft an Mundwerkzeugen und Scheren oder auch an den Füßen. Es kann durchaus sein, dass ein Skorpion plötzlich stehen bleibt, zu graben beginnt und schließlich ein Insekt in den Scheren hält. Die Fähigkeit, dem Fall kann man sagen, dass Sehen dessen „Duftmarke" bei Kontakt mit dem Boden wahrzunehmen, ist für Skorpione nachgewiesen (KRAPF 1986).

für einen Skorpion damit Qualitäten hat, die weit über das Bildsehen hinausreichen.

Wo Tiere unter völliger Dunkelheit leben, werden Sehorgane entbehrlich. Daher haben auch einige Skorpionarten, die man in viele Hundert Meter tiefen Höhlen entdeckte, ihre Augen zurückgebildet oder völlig verloren. Aber auch diese „Blinden" fangen Beute, finden Partner und weichen Feinden aus. Skorpione scheinen ihre Umwelt zu erfühlen. Wie gelingt ihnen das?

Nichts als Haare ...

Alle Spinnentiere sind, auch wenn sie auf den ersten Blick kahl erscheinen, mehr oder weniger dicht behaart. Die meisten dieser Haare sind winzig klein, stehen mit Nerven in Verbindung und sind demnach Sinneshaare, die dem Tier Informationen über seine Umwelt vermitteln. Neben ihrer unterschiedlichen Länge (Makro- bzw. Mikrochaeten) lassen sie

Skorpione scheinen oft einfach abzuwarten, bis ihnen Beute in die offenen Scheren läuft. Trotzdem sind sie zumindest im Dezimeterbereich auch zu einer Zielortung beweglicher Beute in der Lage. Mit raffinierten Versuchen wies der Biologe BROWNELL (1985) nach, dass der nordamerikanische Sandskorpion *Paruroctonus mesaensis* (Vaejovidae) eine im Sand verborgene, über einen halben Meter entfernte Schabe zu erbeuten vermag, auch wenn der Räuber eine dichte Augenbinde verpasst bekommen hatte. BROWNELL zeigte, dass sich der Skorpion von den schwachen Bodenerschütterungen leiten ließ, die sich wie Erdbebenwellen um die grabende Schabe ausbreiteten. Sinneshaare und Spaltsinnesorgane an den Beinen des Skorpions werden durch diese Wellen gereizt. Darin sind Informationen über Richtung und Entfernung der Vibrationsquelle verschlüsselt, die vom Skorpion blitzschnell decodiert werden können.

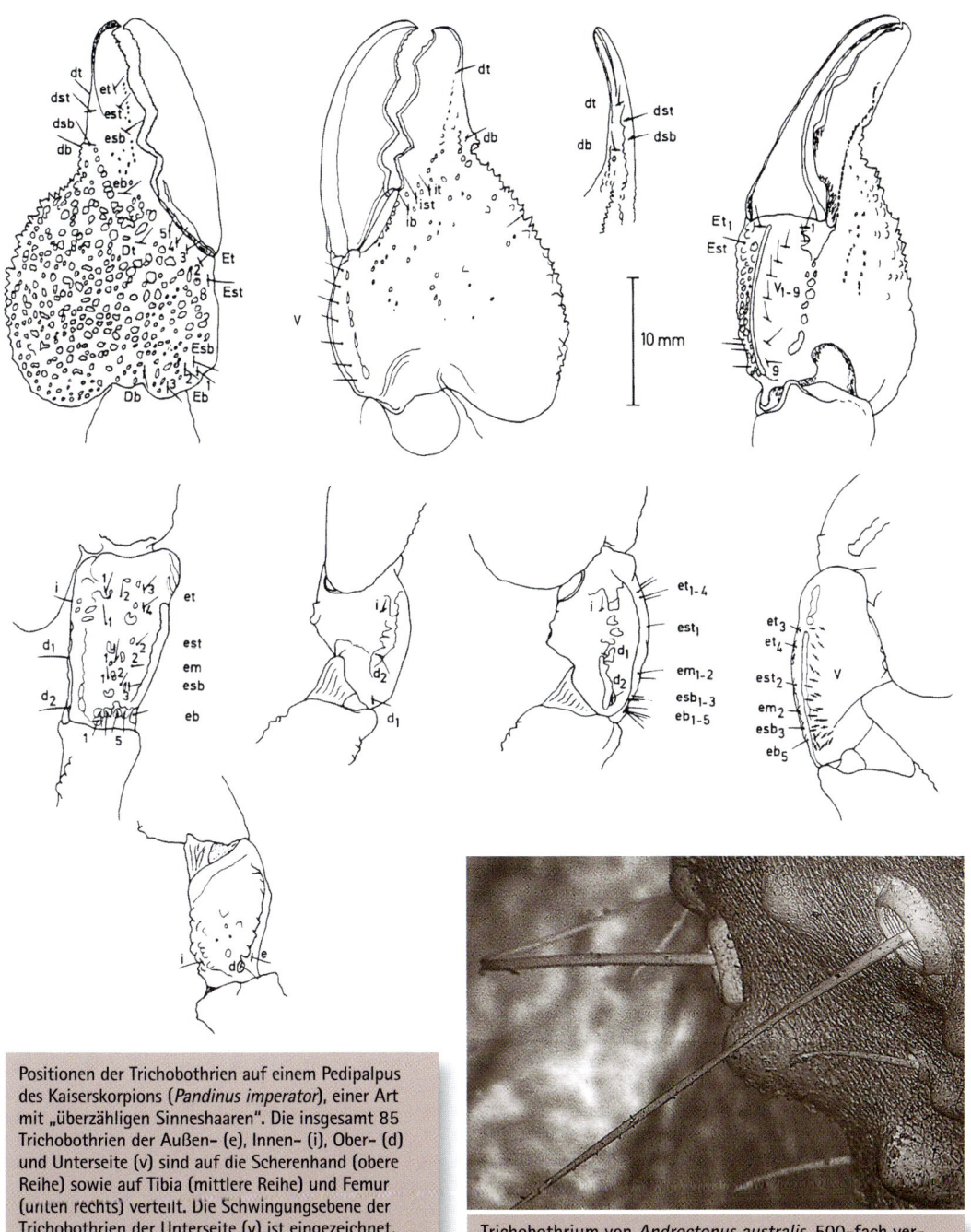

Positionen der Trichobothrien auf einem Pedipalpus des Kaiserskorpions (*Pandinus imperator*), einer Art mit „überzähligen Sinneshaaren". Die insgesamt 85 Trichobothrien der Außen- (e), Innen- (i), Ober- (d) und Unterseite (v) sind auf die Scherenhand (obere Reihe) sowie auf Tibia (mittlere Reihe) und Femur (unten rechts) verteilt. Die Schwingungsebene der Trichobothrien der Unterseite (v) ist eingezeichnet. Nomenklatur nach VACHON (1973).

Grafik: D. Mahsberg

Trichobothrium von *Androctonus australis*, 500-fach vergrößert (natürliche Länge ca. 1,5 mm)

Foto: K. Meßlinger

Metasoma und Telson von
Parabuthus transvaalicus
sind stark behaart
Fotos: D. Mahsberg

Ihr unglaublich sensibles Erschütterungsempfinden kann das Beobachten von Skorpionen in der Natur sehr erschweren, da ein unvorsichtiger Tritt auf ein trockenes Ästchen den in einigen Metern Entfernung lauernden Räuber meist für den Rest der Nacht in seiner sicheren Höhle verschwinden lässt.

Skorpione können nicht nur Erschütterungen des Untergrunds, sondern auch feinste Luftbewegungen registrieren. Wie die meisten Arachnidenordnungen besitzen sie feine Sinneshärchen, die Becherhaare oder Trichobothrien. Anders als z. B. bei Spinnen, wo man Trichobothrien auf Pedipalpen und Laufbeinen findet (BARTH 2001), sind sie bei Skorpionen auf die Pedipalpen beschränkt. Trichobothrien sind mit dem bloßen Auge kaum zu erkennen, denn selbst beim großen Kaiserskorpion sind sie nur etwa 2 mm lang und wenig mehr als einen zwanzigstel Millimeter stark. Jedes Haar steht in einer becherartigen Vertiefung der Cuticula und ist von einem auffälligen Wulst umgeben, dessen Form an einen Schwimmreif erinnert. Trichobothrien fangen beim feinsten Lufthauch oder bei leichten Bewegungen in der Nähe sofort zu schwingen an, stehen beim Ausbleiben des Vibrationsreizes aber auch gleich wieder still. Wer einen Pedipalpus mit einer starken Handlupe oder besser unter einer 64-fach vergrößernden Stereolupe bei hellem Streiflicht betrachtet, kann sich von der hohen Auslenkungsempfindlichkeit dieser Sinneshaare selbst überzeugen - aber bitte nicht am lebenden Skorpion, da die Gefahr eines Stiches zu groß wäre. Sehr schön sieht man Trichobothrienbewegungen auch an abgestreiften Häuten oder an einem frisch toten Tier.

Skorpione benötigen ihre Augen für eine exakte Beuteortung nicht, denn die Trichobothrien horchen wie ein Antennenwald das Nahfeld eines Skorpions auf Luftvibrationen ab. Die eingehenden Meldungen dieser Haare erlauben die genaue Peilung und den sicheren Fang eines Insekts, das z. B. unvorsichtig mit den Fühlern wedelt oder gar mit den Flügeln schwirrt. Die „Luftböen" eines flatternden Vogels oder einer sich plötzlich nähernden Hand können dagegen Rückzug oder Verteidigung auslösen.

Trichobothrien sind oft in einem für ein bestimmtes Taxon spezifischen Muster angeordnet und daher auch zur Bestimmung von Skorpionen verwendbar (Trichobothriotaxie). Der französische „Skorpionprofessor" VACHON (1974) ordnete die rezenten Familien drei Grundtypen zu, die sich in Zahl und Anordnung der Becherhaare unterscheiden. Fast alle Buthiden haben 40 Trichobothrien je Pedipalpus, bei den meisten anderen Familien und Gattungen sind es 48, einige Gattungen wie *Pandinus* oder *Hadogenes* besitzen z. T. zwei- bis dreimal mehr, wobei die zusätzlichen Trichobothrien hauptsächlich auf der Unterseite der Scherenhand stehen und möglicherweise bodennahe Reize erfassen. Unterschiedliche Trichobothrienmuster charakterisieren auch manche Arten der Gattung *Euscorpius* (Braunwalder 2005).

Skorpione – taubstumme Nachtwandler?

In der älteren Literatur werden Trichobothrien oft als „Hörhaare" bezeichnet, die z. B. einer Spinne auch Musik zugänglich machen sollen. Aus physikalischen Gründen können Trichobothrien aber weder Spinne noch Skorpion zum Musikgenuss verhelfen (Barth 2001). Als empfindliche Sensoren für die sogenannte Nahfeldschnelle (die wir z. B. vor einem „wummernden" Basslautsprecher richtig spüren können) sind sie jedoch geeignet, die mit einem Geräusch einhergehende Luftbewegung zu registrieren. Für den „Skorpiondompteur" wird dies ernüchternd sein – wo sein Haustier doch immer so schön auf seinen Namen hörte, wenn man es rief ...

Trotz dieser Höreinschränkungen sind etliche Skorpionarten zur Lauterzeugung fähig. Ihre hochfrequenten Zischlaute entstehen durch Stridulation. Dabei werden harte, geriefte Cuticulastrukturen aneinander gerieben. *Pandinus imperator* und *Heterometrus fulvipes* stridulieren beim drohenden Vor- und Zurückschwenken ihrer Pedipalpen. *Opistophthalmus flavescens* reibt seine Cheliceren gegeneinander, und *Rhopalurus*-Arten setzen zur Stridulation ihre Kämme ein. Wenn ein verärgerter *Parabuthus villosus* kurz mit der Stachelspitze über die Feilenzähnchen auf seinem Rücken streicht, nehme man sich in Acht: Der kratzende Laut kann von einem gezielten Strahl fein verteilter Gifttropfen begleitet werden, die für die Augen gefährlich werden können. Dieser Namib-Bewohner macht die Funktion von Stridulation bei Skorpionen besonders eindrucksvoll deutlich: einem potenziellen Feind schon auf Entfernung klarzumachen, dass er es mit einem wehrhaften Gegner zu tun hat. Er verhält sich wie die brummende Hummel oder Wespe, die

auch Beispiele für „akustischen Aposematismus" sind. Bei Skorpionen in Terarienhaltung nimmt die Bereitschaft zur Stridulation mit der Zeit meist ab.

Rhopalurus juncaeus, ein mit den Kämmen stridulierender Buthide Mittelamerikas
Foto: D. Mahsberg

Neben anderen Skorpionen bewohnt der Sand liebende (psammophile) *Opistophthalmus flavescens* (Scorpionidae) die Dünen der Namib-Wüste. Er striduliert mit den Cheliceren, wenn er drohend seine Pedipalpen spreizt.
Foto: D. Mahsberg

Wozu brauchen Skorpione einen Kamm?

Um die Funktion der Kämme (Pectines) rankten sich wilde Spekulationen. Sogar der exzellente Naturbeobachter Fabre (1907) hielt sie noch für tödliche Fesseln, mit denen ein kannibalisches Weibchen seinen Gatten umklammere. Feinstrukturelle und verhaltensphysiologische Untersuchungen zeigten jedoch, dass die Kämme der Skorpione „Vielzweckorgane" sind (Gaffin & Brownell 2001). Sie sind mit Sinnesstrukturen gepflastert, deren Leistungen bei Weitem noch nicht alle bekannt sind. Mit den Kämmen können Skorpione die Untergrundbeschaffenheit beurteilen, Vibrationen orten, Wasser finden und Duftmarken von Beute und Artgenossen „erschnüffeln" (Gaffin & Walvoord 2004).

Buthiden können mithilfe ihres „Kammleitsystems" wie eine Klapperschlange die Spur einer Beute aufnehmen, die nach dem Giftstich noch entkam (Krapf 1986; Steinmetz et al. 2004). Betastet ein *Pandinus*-Männchen zufällig mit einem Kamm einen Fleck, auf dem vorher ein Weibchen saß, verfällt er unter dem Reiz der Sexuallockstoffe sofort in ein erregtes Körperzittern (engl. „juddering"). Beim Paarungstanz melden die Kämme dem Männchen, wo sich solider Untergrund für die Spermatophore befindet. Kammorgane können auch das Geschlecht eines Skorpions verraten (siehe „Geschlechtsunterschiede und Zucht", S. 74).

Die Kämme spielen sicher auch eine wichtige Rolle, wenn Skorpione nach einem Nachtspaziergang ihre Höhle wiederfinden müssen (Bost & Gaffin 2004). Bei so vielen verschiedenen Funktionen ist es nicht verwunderlich, dass von den zahlreichen Sinnesorganen der Kämme auch sehr viele Nervenbahnen ausgehen, sogenannte afferente Fasern. Wolf (2008) hat berechnet, dass bei männlichen *Vaejovis*-Arten von einem Kamm mit seinen 40 Zähnen ein Bündel von 140.000 solcher Fasern ins Gehirn zieht; für andere Skorpionarten liegen diese Werte zwischen 20.000 (*Euscorpius*) und gar einer Million (*Paruroctonus*). Damit stehen die Kämme der Skorpione den Antennen von Insekten auch auf neuronaler Ebene in nichts nach.

Parabuthus transvaalicus betastet mit dem Kammorgan die chemische Spur einer Grille

Foto: D. Mahsberg

Die Lebensgeschichte eines Skorpions

Jäger und Beute

Skorpione sind überwiegend dämmerungs- und nachtaktive Jäger. Erst nach Einbruch der Dunkelheit verlassen sie ihr Versteck, das sie vor Sonnenaufgang wieder aufsuchen. Skorpione bleiben bei Vollmond besser zu Hause, da es für ihre lichtempfindlichen Augen einfach zu hell wäre. Außerdem entgehen sie so manchem Räuber. Die großen *Pandinus* oder *Heterometrus* laufen nach einem Tropenregen gelegentlich auch tagsüber herum, was gefährlich für sie ist. Denn Feinde, die an einem fetten Skorpion Gefallen finden und sich von Stachel und Scheren nicht abschrecken lassen, gibt es viele. In Afrika sind Kaiserskorpione z. B. bei Hornraben, Eisvögeln oder Schleichkatzen sehr beliebt. Die schlimmsten Feinde dieser Skorpione aber sind viel kleiner und suchen ihre Opfer zu jeder Tageszeit auch in ihrem Versteck heim: Es sind die Heerzüge der aggressiven Treiberameisen (*Dorylus nigricans*).

Scorpio punicus zerrt in seiner nordafrikanischen Heimat selbst bei hellem Sonnenschein immer wieder unvorsichtige Käfer oder Asseln in seine Höhle, in der er als „Türsteher" lauert. Selbst ein Grashalm, mit dem man vorsichtig am Eingang anklopft, kann ihn zum Zupacken animieren. Außerhalb seines Verstecks ist *Scorpio* tagsüber ausgesprochen nervös und reagiert auf jede Bewegung oder Erschütterung mit hektischem Abwehrverhalten. Nach Beute steht ihm dann niemals der Sinn.

Skorpione sind insofern „ehrliche Gesellen", als man ihnen ihre Stimmung meist ansieht. Vor einem Buthiden, der mit nach vorne gebeugtem Metasoma dasitzt, den Stachel weit vor sich trägt und die Pedipalpen ausbreitet, sollte man sich in Acht nehmen. Entspannter ist er, wenn die Scheren am Körper angelegt sind und der Schwanz seitlich weggeklappt ist oder nach hinten zeigt. Entwarnung bedeutet dies aber weder für Beute noch Pfleger, denn

Tagaktiver Kaiserskorpion (*Pandinus imperator*) im Galeriewald der Guinea-Savanne Westafrikas (Comoé-Nationalpark/Elfenbeinküste)
Foto: D. Mahsberg

neben schlafähnlicher Ruhe mit vermindertem Herzschlag können Skorpione auch „hellwache" Ruhezustände durchlaufen, in denen sie auf Beute oder Erschütterungsreize sehr empfindlich reagieren (TOBLER & STADLER 1988). Berührt man einen scheinbar ruhenden Skorpion an einer Scherenspitze nur leicht mit einer Grille (die man selbstverständlich mit einer langen Pinzette hält), wird er sie in vielen Fällen blitzschnell ergreifen und stechen. Schmeck- und andere Sinneshaare haben ihm Beute signalisiert. Darauf sind Skorpione meist dann aus, wenn sie mit zugriffsbereiten Scheren im Höhlen-

Dieser markierte Kaiserskorpion (*Pandinus imperator*) wurde bei einem Ausflug tagsüber von einer Schleichkatze getötet (Comoé-Nationalpark/Elfenbeinküste)
Foto: D. Mahsberg

Uroplectes otjimbinguensis
(Buthidae) aus der Namib
jagt bevorzugt Spinnen
Foto: D. Mahsberg

Trotz ihrer Wehrsekrete sind
Schwarzkäfer (Tenebrionidae)
vor einem Dickschwanzskorpion (*Androctonus australis*)
nicht sicher
Foto: K. E. Linsenmair

Buthacus arenicola (Buthidae), ein Skorpion nordafrikanischer Sandwüsten, kann
Insekten sogar aus der Luft
fangen. Am dritten Metasomasegment schimmert die
weiße Guaninfüllung des
Darms durch die Cuticula.
Foto: D. Mahsberg

eingang lauern oder langsam umherlaufen. Die meisten Arten bleiben beim Beutefang in Verstecknähe. Eine größere Laufaktivität entwickeln dabei solche Skorpione, die in der Vegetation jagen. *Uroplectes otjimbinguensis* sucht in der Namib auf Akazien nach Spinnen, seiner Hauptnahrung. Auch die Beute selbst kann Skorpione zu erhöhter Mobilität animieren: Wenn in der west-afrikanischen Savanne Termiten schwärmen, patrouillieren die Buthiden *Hottentotta hottentotta* und *Babycurus buetterni* über Boden und Bäume, um möglichst viele ihrer Leckerbissen zu erhaschen.

Wie Brown & O'Connell (2000) bei *Centruroides vittatus* zeigten, zieht es diese Art aus ganz anderem Grund nach oben: In der Vegetation ist sie vor Feinden sicherer.

Skorpione sind räuberische Allesfresser. Nahrungsspezialist scheint nur der australische *Isometroides vescus* zu sein, der Falltürspinnen (Ctenizidae) jagt.

In der Natur stellen Skorpione einer Vielzahl von Insekten, Asseln,

Tausendfüßern, Spinnentieren und anderen Wirbellosen nach. Nur die größten Arten fressen gelegentlich auch Amphibien, Echsen oder Kleinsäuger wie Zwergmäuse. Das Beutespektrum kann je nach Angebot saisonal oder lokal sehr eingeschränkt sein – Skorpione müssen sich dann mit dem begnügen, was gerade im Angebot ist. Deshalb machen die häufigen, aber salzigen Wüstenasseln (*Hemilepistus reaumuri*) auch über ein Drittel der Beute aus, die *Scorpio maurus palmatus* im Verlauf eines durchschnittlichen Tages im Wüstenfrühjahr fängt; ansonsten frisst er vor allem große Insekten wie Schwarz- und Prachtkäfer (MAHSBERG, unveröffentl.). Für Fluginsekten scheint sich dieser an den Boden gebundene, grabende Skorpion weniger zu interessieren. Dagegen sind manche nordafrikanischen Buthiden wie *Androctonus australis*, *Buthacus arenicola* oder *Buthus tunetanus* wahre Meister im „Luftfang": Sie schaffen es sogar, fliegende Nachtfalter blitzschnell zu ergreifen. Diese und andere Buthiden (z. B. *Leiurus quinquestriatus*) erklettern auch immer wieder kleine Büsche; Jungtiere findet man gelegentlich sogar mit weit gespreizten Pedipalpen am Ende von Grashalmen. Vermutlich lauern diese Arten dort Fluginsekten auf.

Skorpione orientieren ihre Nahrungswahl eher daran, ob der „Braten" noch überwältigt oder seinerseits gefährlich werden kann. Durch das auf Beute meist schnell wirkende Gift bzw. die tödlichen Verletzungen beim Zupacken haben auch gleich große oder sogar größere Opfer nur wenig Chancen, einem Skorpion doch noch zu entwischen. *Buthus occitanus* erlegt z. B. auch Grillen, die schwerer sind als er selbst.

Grabende Skorpionarten haben meist sehr kräftige Scherenarme. Die etwa 5 g schweren *Opisthacanthus*-Arten können z. B. mit nur einer Schere ein Gewicht von 100 g von der Stelle bewegen. Die Kraft ihrer Scheren reicht normalerweise aus, um Beute fest im Griff zu halten oder zu töten; den Stachel verwenden sie nur, wenn das Opfer sich heftig

Babycurus buettneri (Buthidae) hat in der Savanne der Elfenbeinküste einen Skolopender gefangen
Foto: K. E. Linsenmair

wehrt oder sehr groß ist. Der Scorpionide *Pandinus imperator* kann mit einem festen „Händedruck" die Panzerung eines kleinfingerdicken Tausendfüßers aufbrechen. Während von 100 Buthiden (sieben Arten), denen je ein Insekt vorgesetzt worden war, 97 % sofort zustachen, taten dies nur 9 % von

Centruroides margaritatus
frisst eine Schabe
Foto: D. Mahsberg

Babycurus buettneri (Buthidae) mit Großtermite (*Macrotermes bellicosus*) (Comoé-
Nationalpark/Elfenbeinküste)
Foto: D. Mahsberg

71 Scorpioniden (sieben Arten bzw. Unterarten); 91 % zerdrückten ihre Beute mit den
Scheren (MAHSBERG, unveröffentl.). Oft fressen
die weniger stechfreudigen Arten ihre Opfer
bei lebendigem Leib, wobei sie jedoch meist
am Kopf beginnen und so das Gehirn schnell
zerstören. Viele der breitscherigen Skorpione
benutzen in Abwehrhaltung ihre Pedipalpen
auch als Schild, mit dem sie den Höhleneingang verbarrikadieren oder ihren Kopfbereich
schützen.

Skorpione werden oft pauschal des Kannibalismus bezichtigt, der keineswegs die Regel
ist. In Zeiten knapper Insektenbeute stellen jedoch etliche Skorpionarten kleineren Artgen-
nossen oder Individuen kleinerer anderer
Arten nach. Neben den weit über 100 Insektenarten, die auf dem Speisezettel von *Smeringurus mesaensis* stehen, machen andere
Skorpionarten bis zu 10 % seiner Nahrung aus.
Welchen Einfluss dies auf die Populationen
anderer Arten hat, zeigen Versuche in der
kalifornischen Wüste (POLIS 1979, POLIS &

MᴄCᴏʀᴍɪᴄᴋ 1987): Nachdem die Autoren auf 30.000 m^2 über 6.000 *S. mesaensis* abgesammelt hatten, erhöhte sich die Dichte der kleineren *Vaejovis confusus* und *Paruroctonus luteolus* auf das Eineinhalb- bzw. Sechsfache! Unverändert blieb dagegen die Zahl der Insekten, denen der Räuberdruck durch Skorpione nichts auszumachen schien.

Normalerweise akzeptieren Skorpione nur lebende Beute. Aber wenn sie zufällig auf ein frisch totes Insekt treffen, kann es durchaus sein, dass sie es mit den Scheren aufnehmen und fressen. Bei subsozialen Arten versammeln sich die Jungen um die von ihrer Mutter erlegte Beute, um sie mit mehr oder weniger Rangelei um den besten Platz zu verzehren. Im Terrarium lässt sich die Mutterrolle vom Pfleger übernehmen, indem man den Kleinen abgetötete große Insekten vorlegt, z. B. Schaben oder Wanderheuschrecken.

Brautschau und Hochzeit

Während man über Skorpione als Räuber recht gut Bescheid weiß, sind bis heute für nur etwa 2 % aller Skorpionarten Einzelheiten zur Fortpflanzung bekannt. Umfangreichere Beschreibungen zu Buthiden liefern z. B. Aʟᴇxᴀɴᴅᴇʀ (1959) oder Pʀᴏʙsᴛ (1972, *Isometrus maculatus*), zum Euscorpiiden *Euscorpius italicus* Aɴɢᴇʀᴍᴀɴɴ (1957) und für *E. flavicaudis* Bᴇɴᴛᴏɴ (1992b), zum Scorpioniden *Pandinus imperator* Gᴀʀɴɪᴇʀ (1974) oder zum Vaejoviden *Smeringurus mesaensis* Pᴏʟɪs & Fᴀʀʟᴇʏ (1979). Wie Skorpione ganz allgemein ihre Fortpflanzung sichern, ist bei Mᴀʜsʙᴇʀɢ (1997) nachzulesen. Einen aktuellen Überblick zur Reproduktionsökologie von Skorpionen gibt Bᴇɴᴛᴏɴ (2001).

Die meisten Skorpione zeichnen sich durch eine mehr oder weniger eng begrenzte, an die Jahreszeiten oder an bestimmte periodische Klimaschwankungen gebundene Vermehrungsperiode aus. In den gemäßigten Breiten beginnt die Fortpflanzungsaktivität mit den ersten warmen Frühlingstagen und geht bis in den Spätsommer. In England paart sich *Euscorpius fla-*

Dieser Dickschwanzskorpion (*Androctonus australis*) hat in der libyschen Wüste einen kleineren Artgenossen erbeutet
Foto: K. E. Linsenmair

vicaudis zwischen August und Oktober (Bᴇɴᴛᴏɴ 1992b). Auf der Südhalbkugel ist von September bis Februar Paarungszeit bei Skorpionen. Arten der wechselfeuchten Tropen, die während der trockenen Monate ihre Höhlen vermutlich nie verlassen (z. B. *Pandinus, Heterometrus*), pflanzen sich in der Regenzeit fort. Wahrscheinlich haben selbst Skorpione der dauerfeuchten Tropen eine Fortpflanzungsrhythmik. Auch Wüstenskorpione sind nie permanent fortpflanzungsaktiv, da viele monatelang überwintern bzw. übersommern. Der erste Regen lockt sie dann oft in großer Zahl aus ihrem Versteck. Sie gehen auf Jagd, nutzen aber auch jede Gelegenheit zur Hochzeit.

Die Wahl des geeigneten Fortpflanzungszeitpunktes hängt nicht nur vom Klima, sondern auch von der Beuteverfügbarkeit ab. Viele Skorpione leben mehrere Jahre (Wᴀʀʙᴜʀɢ 2011a) und dürften sich in dieser Zeit mehrfach fortpflanzen (Iteroparie, Wᴀʀʙᴜʀɢ 2011b). Damit können sie gelegentliche Verluste an Nachkommen ausgleichen und ihren sogenannten Lebensfortpflanzungserfolg erhöhen. Ist die Zeit reif, gehen männliche Skorpione auf nächtliche Brautschau. Selbst einen Höhlenbewohner wie *Scorpio maurus* kann man nun außerhalb seines Baues antreffen. Die Männchen einiger Arten legen in dieser Zeit

Ein Tänzchen in Ehren ...
Pärchen von *Buthus tune-
tanus* beim Vorspiel (Hergla/
Tunesien). Das große Männchen führt eine ungewöhn-
lich kleine Partnerin an
der Hand.

Foto: D. Mahsberg

während einer einzigen Nacht Strecken von mehr als einem Kilometer zurück und suchen potenzielle Weibchenverstecke ab. Doch auch bei geringer Populationsdichte bleibt ihr Ziel wohl nur selten unerreicht, denn weibliche Sexuallockstoffe (Pheromone) weisen ihnen den Weg. Diese chemischen Verbindungen werden nicht gerochen, sondern mit spezialisierten Sinneshaaren „erschmeckt", mit denen z. B. die Kammorgane auf der Bauchseite dicht besetzt sind. Auf Duftspuren eines Partners reagieren Skorpionmännchen manchmal so aufgeregt, dass sie sogar zufällig vorbeikommende Geschlechtsgenossen nicht mit ihrer Werbung verschonen. Man kann sich von der Attraktivität des weiblichen „Skorpionparfums" selbst überzeugen, wenn man in das Terrarium eines Männchens etwas Bodenmaterial aus dem „Damenabteil" einbringt und sein Verhalten beobachtet, wenn es die Duftschwelle überschreitet: Es bleibt stehen, tastet umher, geht vor und zurück oder fängt sogar aufgeregt zu zittern an.

Hat ein Männchen endlich ein Weibchen gefunden, entscheiden die ersten Annähe-rungsversuche über sein Schick-sal. Wird „sie" „ihn" als Beute betrachten und verspeisen? Wird sie weglaufen und einen anderen erhören? Oder wird sie in den Hochzeitstanz einwilligen, der ein komplexes, ritualisiertes Paarungsvorspiel darstellt, das ihm letztlich zur Vaterschaft verhilft?

Zunächst bewegen sich balzende Männchen ruckartig hin und her, führen mit dem Hinterleib zuckende Bewegungen aus oder trommeln mit dem Schwanz oder den Zangen auf den Untergrund. Diese Vibrationssalven reizen paarungsunwillige Weibchen häufig zu Angriffen. Paarungsbereite Partnerinnen verhalten sich zumeist neutral.

Wegen artspezifischer und wohl auch individueller Unterschiede lässt sich das Paarungsverhalten von Skorpionen nicht grundsätzlich verallgemeinern. Trotzdem treten bei fast allen Arten die gleichen markanten Verhaltensgrundmuster beim Paarungstanz auf, was auf deren evolutive Ursprünglichkeit hinweist. Der französische Naturforscher Jean

Henri FABRE (1907) beschrieb die Hochzeit des südfranzösischen „scorpion languedocien", des Feldskorpions *Buthus occitanus*, in unerreichter wissenschaftlicher Prosa.

Meist nähert sich das Männchen dem Weibchen von vorne, fasst es an Beinen oder Pedipalpen und greift gelegentlich um, bis sich die Partner gegenüberstehen und an den Scherenhänden festhalten. Einige Arten reiben ihre aufgerichteten Hinterkörper aneinander, die so eine Art „Torbogen" formen. Dann lassen sie sich los, um doch gleich wieder zusammenzukommen. Gelegentlich wird das Weibchen auch von seinem Partner gestochen, z. B. in die Gelenkhaut der Hand. Eine Tötungsintention steckt sicherlich nicht hinter solchen „Sticheleien". Vielleicht kommen dabei nur bestimmte Komponenten des Gifts zum Einsatz, deren biologische Bedeutung in diesem Zusammenhang aber noch zu klären ist.

Nun beginnt der eigentliche Tanz, FABRES „promenade à deux". Dabei laufen die Tiere „Hand in Hand" umher. Gelegentlich halten sie inne, um sich mit den Cheliceren zu betasten – der

Paarungstanz von *Buthacus bicalcaratus* (Buthidae) in der nordalgerischen Sahara
Obere 2 Fotos: D. Mahsberg
Foto unten: K. E. Linsenmair

Spermatophore von *Pandinus imperator* im Größenvergleich
Foto: D. Mahsberg

Kuss der Skorpione. Der Paarungstanz, der je nach Art in wenigen Minuten beendet ist oder sich die ganze Nacht hinzieht, hat ein erfolgreiches Ende gefunden, wenn das Männchen auf einem geeigneten Untergrund seine Spermatophore abgesetzt hat und die Spermien vom Weibchen aufgenommen wurden. Das sonstige „Drumherum" fällt unter das Stichwort „Partnerwahl". Welche subtilen Mittel die Geschlechter dabei einsetzen und nach welchen Kriterien sie entscheiden, ist noch Geheimnis der Skorpione. Wenn es auch aussieht, als bestimme das Männchen als der aktivere Partner das Geschehen, so scheint (auch) bei Skorpionen das weibliche Geschlecht zu wählen und zu entscheiden, wen es akzeptiert und wen es verschmäht.

Lange Zeit ging man davon aus, dass sich Skorpione mithilfe spezieller Begattungsorgane paaren. Erst 1955 beschrieb ANGERMANN die indirekte Spermatophorenübertragung bei *Euscorpius italicus*. Während des Hochzeitstanzes presst das Männchen eine Spermatophore aus seiner bauchseits liegenden Geschlechtsöffnung heraus, ohne dabei die Scherenhände des Weibchens loszulassen. Die Spermatophore ist eine Art Chitinständer, der durch ein klebriges Sekret an seiner Basis in leicht schräger Stellung am Boden haften bleibt. An seiner Spitze befindet sich eine Spermienkapsel. Das Männchen zieht seine Partnerin nun so über die angeklebte Spermatophore, dass ein durch das Gewicht des Weibchens ausgelöster Hebelmechanismus die Spermien freigibt, die daraufhin in die weibliche

Geschlechtsöffnung aufgenommen werden. Durch eine schnelle Rückwärtsbewegung des Körpers erfolgt die Trennung vom Spermatophorenstiel, der gelegentlich gefressen wird. Wann sich ein Männchen erneut verpaaren kann, ist artverschieden und vermutlich auch konditionsabhängig. MÜLLER (mündl. Mittlg.) beobachtete bei *Hadrurus arizonensis* die fünfmalige Verpaarung eines Weibchens, wobei jedes Mal eine Spermatophore übertragen wurde. Bei *Isometrus maculatus* dauert es ungefähr 16 Tage, männliche Kaiserskorpione (*Pandinus imperator*) oder *Heterometrus fulvipes* sind bereits nach einer Woche wieder paarungsbereit, *Tityus bahiensis* nach sechs Tagen. In dieser Zeit müssen Männchen im paarigen Paraxialorgan des Mesosomas zwei neue Hemispermatophoren herstellen, die dann zusammengefügt und mit Spermien aus den Hoden beladen werden. Die Struktur von Paraxialorgan und Spermatophore ist für die Taxonomie einiger Skorpionfamilien von großem Wert. Wann ein Skorpionmännchen seine Spermatophore zum Einsatz bringen kann, hängt nicht allein von ihm ab. Die Weibchen von *Euscorpius flavicaudis* z. B. sind erst dann wieder empfängnisbereit, wenn sich ihre Jungen gehäutet haben und vom Rücken abgestiegen sind (BENTON 1992b).

Während die Weibchen vieler Insektenarten Spermien eines oder verschiedener Männchen in Spermatheken (Receptacula seminis) speichern und so sogar einen „Krieg der Spermien" anzetteln können, steht der experimentelle Nachweis von Spermienspeicherung bei Skorpionen aus (WARBURG 2011b). Diese ist nicht mit verzögerter Entwicklung bereits befruchteter Eizellen zu verwechseln. Da aber auch unter Skorpionmännchen derjenige die besten Chancen auf eigenen Nachwuchs haben sollte, der sich als Erster mit einem Weibchen verpaart, bewachen Männchen ihre Partnerin während der Fortpflanzungszeit oft recht lange, viel länger als für die eigentliche Paarung nötig wäre: So verpassen sie den Beginn der Empfängnisbereitschaft nicht und können Nebenbuhler fern halten. Manche Skorpionmännchen verschließen nach erfolgreicher Paarung die weibliche Geschlechtsöffnung mit einem Genitalpfropf, was es einem anderen Männchen unmöglich macht, die eigene Spermatophore „an die Frau" zu bringen (MATTONI & PERETTI 2004). Bei *Euscorpius italicus* besteht der Genitalpfropf sogar überwiegend aus – Spermien (ALTHAUS et al. 2010)!

Bei manchen Skorpion- und Spinnenarten bezahlen Männchen ihre Hochzeit gelegentlich mit dem Leben, da sie von ihrer Partnerin verspeist werden. Solche „Unfälle" können sich unter zu beengten Haltungsbedingungen ereignen, wenn Männchen bei ihrem Ritual behindert und dann vom Weibchen nicht mehr als Hochzeiter, sondern als Beute betrachtet werden. In der Natur ist Partnerkannibalismus nach erfolgreicher Paarung wohl eher die Ausnahme (BENTON 2001), kann aber durchaus angepasstes Verhalten sein. Denn indirekt kommt es dem Vater doch wieder zugute, wenn er sich von der Partnerin fressen lässt und so indirekt das Überleben seiner Nachkommen fördert. Partnerkannibalismus kommt z. B. gehäuft bei Arten wie dem Sandskorpion *Smeringurus mesaensis* vor, bei dem sich die kleineren Männchen – im Gegensatz zu den größeren Weibchen – nur ein Mal im Leben fortpflanzen können (POLIS & FARLEY 1979).

Ganz ohne Geschlechtspartner kommen einige parthenogenetische Arten aus (WARBURG 2011b): Sie pflanzen sich durch Jungfernzeugung fort und produzieren aus unbefruchteten Eiern nur Töchter, wie der brasilianische *Tityus serrulatus* (s. a. SEITER 2011, STRIFFLER 2011e). Parthenogenese kommt auch bei *Liocheles australasiae* vor, bevorzugt bei Inselpopulationen (LOURENÇO & CUELLAR 1994). Männchen sind bei solchen Arten äußerst selten und sollten immer dann auftreten, wenn Änderungen der Umweltbedingungen Variabilität und damit geschlechtliche Fortpflanzung fördern würden. Dagegen ist *Tityus metuendus* der wohl einzige Fall von Parthenogenese, bei dem ein Skorpionweibchen bei drei Bruten hintereinander ausschließlich Söhne hervorbrachte (LOURENÇO & CUELLAR 1999).

Embryonalentwicklung und Geburt

Man unterscheidet bei Skorpionen zwei Formen der Embryonalentwicklung (WARBURG 2010). Bei Apoikogenie entwickeln sich in den netzförmigen Röhren des Ovariuterus mehr oder weniger dotterreiche Eier, in die aber auch Substanzen aus dem umliegenden mütterlichen Gewebe eindiffundieren, das ein regelrechtes „Ernährungsnetz" ausbilden kann (FARLEY 2001). Apoikogen sind alle Familien mit Ausnahme der Hemiscorpiidae, Urodacidae, Scorpionidae und Diplocentridae, die zum katoikogenen Typ gehören. Bei diesen Skorpionen wandern dotterfreie Eier in sackförmige Ausbuchtungen (Divertikel) des Ovariuterus ein, wo die heranwachsenden Embryonen über eine an eine Babytrinkflasche erinnernde Spezialbildung ihres Mundes mütterliche Nährflüssigkeit aufnehmen. Hier drängt sich ein Vergleich mit der Säugetierplazenta auf. Da bei allen Skorpionen somit eine Ernährung der Embryonen im Mutterleib gegeben ist, kann man sie definitionsgemäß als lebendgebärend bezeichnen (vivipar).

Aufpräpariertes trächtiges Weibchen des Kaiserskorpions (*Pandinus imperator*), ein Beispiel für katoikogene Embryogenese. In jedem der sackförmigen Ovariuterus-Schläuche entwickelt sich ein Junges.
Foto: D. Mahsberg

Wer nach erfolgreicher Verpaarung seiner Skorpione auf Nachwuchs wartet, braucht Geduld, denn bis zur Geburt der Jungen vergehen oft viele Monate. Nach POLIS & SISSOM (1990) beträgt die durchschnittliche Tragzeit bei Buthiden etwa fünf, bei anderen Familien über elf Monate, was länger als bei den meisten Säugetieren ist. Dabei tragen kleine Arten nicht unbedingt kürzer als große: Beim nur etwa 2 cm langen europäischen *Euscorpius flavicaudis* dauert es mit etwa einem Jahr (BENTON 1992b) genauso lang wie beim hundert Mal schwereren *Pandinus imperator*. Allerdings unterliegen solche Angaben großen Schwankungen, da Skorpionweibchen embryonales Wachstum offenbar klima- und ernährungsabhängig steuern und Embryonen gegebenenfalls sogar resorbieren können, was zu verkleinerten Würfen bzw. völlig ausbleibender Geburt führen kann. Bei trächtigen Weibchen schimmern gelegentlich die weißlichen Embryonen durch die prall gespannten Pleuralhäute.

Trächtige Skorpione müssen viel investieren und haben daher besonders großen Appetit. Andererseits haben sie auch viel zu verlieren, weshalb sie besonders gegen Ende ihrer Tragzeit versteckt leben. Grabende Arten ziehen sich in eine Kammer am Ende des Gangs zurück, die auch bei hoher Außentemperatur und Trockenheit ein moderates Mikroklima beibehält und sich gut als Kinderstube eignet. Solch günstige Bedingungen sind besonders in kleinen Terrarien nicht leicht zu schaffen, was den Zuchterfolg in Frage stellen kann. Gefährlich kann auch die Anwesenheit von Artgenossen werden, weshalb es mit Ausnahme weniger subsozialer Arten (z. B. *Pandinus imperator*, *Heterometrus fulvipes*) besser ist, andere Tiere aus dem Terrarium zu entfernen oder für ausreichende Versteckmöglichkeiten zu sorgen. Störungen der Mutter sind in dieser sensiblen Lebensphase jedenfalls zu vermeiden, da sie sonst sogar zur Kindstöterin werden kann.

Die Geburt kleiner Skorpione vollzieht sich meist unbemerkt nachts im Versteck und kann sich über mehrere Stunden, bei katoikogenen Arten sogar über Tage hinziehen. Die Jungen, an denen noch Reste von Embryonalhüllen hängen können, werden aus der weiblichen Geschlechtsöffnung ausgepresst und landen oft nicht direkt am Boden, sondern werden vom Weibchen mit den Beinen aufgefangen („Geburtskorb"). In jedem Fall ist das Ziel aller neugeborenen Skorpione der Rücken der Mutter, den sie selbstständig oder mit mütterlicher Unterstützung erklimmen (s. a. KUNZ 2011). Je nach Art versammeln sich dort eine Handvoll bis mehrere Dutzend Skorpionbabys, deren Cuticula noch weich und weiß ist; nur die Augen heben sich pechschwarz ab. Obwohl schon unverkennbar ein Skorpion, ist dieses erste Stadium (oft auch als Larve bezeichnet) zu Beutefang und Nahrungsaufnahme unfähig und lebt von embryonalen Reserven. Die Füße dienen vorwiegend dem Festhalten, die Scheren sind zum Greifen ungeeignet, Trichobothrien fehlen, und der Stachel macht seinem Namen noch keine Ehre.

Kinderaufzucht ist Muttersache

Diese scheinbare Hilflosigkeit neugeborener Skorpione wird durch die enge Bindung an die brutpflegende Mutter ausgeglichen, die den für

Geburt von Kaiserskorpionen (*Pandinus imperator*). Man beachte das die Jungen auffangende erste Laufbeinpaar („Geburtskorb") sowie die abgespreizten Kämme.
Foto: D. Mahsberg

Immer der Reihe nach! Neugeborene Kaiserskorpione (*Pandinus imperator*) auf ihrem Weg nach oben.
Foto: D. Mahsberg

ihre Jungen geeigneten Aufenthaltsort aufsucht, sie verteidigt und gegebenenfalls vor Feinden schützt. Wie Wahlversuche im Labor zeigten, akzeptiert ein *Pandinus*-Weibchen mit Jungen auf dem Rücken auch fremde Junge; dagegen bevorzugen Jungtiere offenbar die Nähe der eigenen Mutter, die sie möglicherweise an chemischen Komponenten der Cuticula erkennen (Mahsberg 1990).

Bei den meisten Skorpionen dauert die Brutpflegephase bis zur ersten Häutung der Jungen, die nach 1–2 Wochen erfolgt. Dann sind die Kleinen „echte" Skorpione, die nun alleine auskommen können. Ihre Bindung an die Mutter geht verlo-

ren, die ihrerseits keine Brutpflege mehr zeigt und ihren Nachwuchs dann im wahrsten Sinne des Wortes „zum Fressen gern" hat.

Was geschieht eigentlich, wenn man neugeborene Skorpione von ihrer Mutter trennt? Für den Terrarianer

Kaiserskorpione (*Pandinus imperator*) im 1. Nymphenstadium auf dem Rücken der Mutter
Foto: D. Mahsberg

Ein wehrhafter Kinderwagen
(*Pandinus imperator*) ...
Foto: D. Mahsberg

kann sich diese Frage durchaus einmal stellen, wenn das Weibchen z. B. kurz nach der Geburt stirbt oder den Wurf aufzufressen beginnt. Die auf dem Weibchenrücken sitzenden Jungskorpione werden dort weder mit Nahrung versorgt, noch nehmen sie Wasser von ihrer Mutter auf, wie man früher glaubte. Bietet man den Kleinen also das geeignete Mikroklima, überleben sie auch ohne mütterlichen Beistand. Eine saubere, mit Lüftung versehene Kunststoffdose mit leicht angefeuchtetem Zellstoff, bei milder Wärme im Dunkeln aufgestellt, leistet für das Gedeihen der Kleinen in ihrer Anfangsphase gute Dienste.

Für den Biologen ist in diesem Zusammenhang die Frage nach der Funktion des Brutpflegeverhaltens interessant, das ja alle Skorpione zeigen. Der Hauptanpassungswert dieser Brutpflege liegt vermutlich im besseren Schutz vor Räubern, denen die Neugeborenen nichts entgegenzusetzen hätten. Besonders gefährlich dürften neben Ameisen kannibalische Skorpionmännchen sein, was z. B. BENTONS (1992a) Beobachtungen an einer südenglischen Population von *Euscorpius flavicaudis* zeigen. Neben Asseln erbeuteten umherstreifende Männchen bevorzugt Artgenossen. So unnatürlich einem dieses Verhalten zunächst

vorkommt, lässt es sich von seiner evolutiven Wurzel her doch verstehen: Tiere scheren sich nicht um „Arterhaltung", sondern um die Maximierung des eigenen Fortpflanzungserfolgs. Dabei kann es zwischen den Geschlechtern durchaus zu Konflikten über das „Wie" kommen. Aus Sicht des Männchens könnte dies bedeuten, sich beim Auffinden einer geeigneten Partnerin möglichst schnell mit ihr zu verpaaren, um die eigene Vaterschaft sicherzustellen. An der Jungenaufzucht beteiligt sich das Männchen nicht. Seine Interessen können ihn sogar zur Tötung fremder Junge treiben, wenn diese wie z. B. bei *Euscorpius flavicaudis* die Empfängnisbereitschaft ihrer Mutter bis zur ersten Häutung blockieren. Die Aggressivität des Muttertiers gegenüber Artgenossen unterstreicht die Schutzfunktion ihres Brutpflegeverhaltens und macht wiederum sein Hauptinteresse deutlich: die eigenen Jungen groß zu bekommen.

Man muss sich bei der Interpretation tierischen Verhaltens vor moralischen Wertungen und der Übertragung auf den Menschen hüten, gerade bei vorbelasteten Begriffen wie „Kindstötung" oder „Kannibalismus". Die Natur liefert keine Rezepte für unser eigenes Verhalten. Naturbeobachtungen helfen uns aber zu verstehen, wie sich Lebewesen in unterschiedlichen Umweltsituationen verhalten und vor allem, warum sie dies tun. Diesen evolutiven Fragen geht die Verhaltensökologie nach (siehe z. B. CAMPBELL & REECE 2009).

Skorpione – soziale Räuber?

Mit Eintritt ins zweite Stadium werden die allermeisten Skorpionarten zu Einzelgängern, die ihresgleichen selten neutral und oft aggressiv begegnen und ihr Wachstum oft auch durch den Verzehr schwächerer Geschwister oder Nichtverwandter fördern – Kannibalen wachsen meist am besten. Deswegen bleibt einem bei der Skorpionhaltung meist nichts anderes übrig, als jedem seiner Schützlinge eine eigene Behausung zu bieten oder zumindest so viele Verstecke bereitzustellen, dass sich die Tiere aus dem Weg gehen können.

Aber es gibt unter Skorpionen auch Ausnahmen, die das Bild vom „asozialen Einzelgänger" relati-

Einige junge *Euscorpius italicus* haben sich bereits gehäutet und werden bald von der Mutter klettern

Foto: D. Mahsberg

Auf dem Rücken des *Euscorpius-italicus*-Weibchens sind noch die Häute seiner kürzlich abgestiegenen Jungen zu erkennen

Foto: D. Mahsberg

vieren (MAHSBERG 1998, 2001). Erst seit wenigen Jahren kennt man Arten, bei denen die mütterliche Toleranz gegenüber den Jungen weit über die Brutpflege für das erste Stadium hinausgeht. Von tropischen Spezies wie *Pandinus imperator* und *Heterometrus fulvipes* (Sorpionidae) oder auch von wenigen Vertretern der Gattungen *Didymocentrus* (Diplocentridae), *Opisthacanthus* (Ischnuridae) und *Urophonius* (Bothriuridae) ist ein Mutter-Jungtier-Zusammenhalt beschrieben, der Monate bis Jahre dauern kann. Nach Beobachtungen in der westafrikanischen Savanne bleiben *Pandinus*-Junge zwei Jahre und länger in der mütterlichen Höhle, die sie sich u. U. sogar mit Geschwistern aus dem Vorjahr teilen. Obwohl sie längst selbstständig sein könnten, ziehen sie wohl erst im fünften Stadium aus. Besonders anfangs profitieren sie von der Kraft ihrer Mutter, die für sie z. B. große Insekten oder Tausendfüßer fängt. Alleine hätten sie als Ansitzjäger kaum Chancen, genug zu fressen zu fin-

den, ohne selbst Opfer zu werden. Verglichen mit einzeln gehaltenen Jungtieren wachsen in der Gruppe aufgezogene *Pandinus*-Geschwister schneller. Auch profitieren sie weiter vom Schutz, den ihnen Mutter und Höhle bieten. Die genannten Skorpionarten kann man als sozial bezeichnen, wenn man Sozialverhalten ganz allgemein als jede Interaktion zwischen zwei oder mehr meist artgleichen Tieren definiert (CAMPBELL & REECE 2009). Bei sozialen Interaktionen kommunizieren und kooperieren Tiere innerhalb einer Gruppe, die meist aus Verwandten besteht. Ein solches Sozialsystem kann für mehr oder weniger lange Zeit und manchmal sogar zeitlebens bestehen. Während bei den eusozialen Bienen und Ameisen zusätzlich ein Kastenwesen ausgebildet ist und sich nur bestimmte Individuen eines Staates fortpflanzen dürfen (HÖLLDOBLER & WILSON 1990), steht Sozialverhalten z. B. bei Spinnen (JACKSON 2007), Geißelspinnen (RAYOR & TAYLOR 2006) und Skorpionen auf der Stufe der sogenannten Subsozialität, die sich durch erwei-

Kaiserskorpione (*Pandinus imperator*) im zweiten Stadium flüchten unter ihre Mutter

Foto: D. Mahsberg

terte Brutpflege, Verteidigung und Fütterung der Jungen sowie Kooperativität auszeichnet.

Warum Sozialverhalten dieser Ausprägung bei nur knapp 1 % aller Skorpionarten vorkommt (unter den rund 42.000 Spinnenarten ist es noch seltener!) und wieso in einer Gattung wie *Heterometrus* sowohl einzelgängerische als auch soziale Arten vorkommen, lässt sich nicht einfach erklären. Eines ist sicher: Ein Leben in der Gruppe bzw. Familie hat ebenso Vor- und Nachteile wie ein Leben als „Single" (hier sei die Übertragung auf den Menschen erlaubt). Schutz in der Familiengruppe wird z. B. durch verstärkte Konkurrenz um Beute oder erhöhte Ansteckungsgefahr erkauft. Auch Kannibalismus unter Geschwistern kann durchaus vorkommen, wenngleich er selten auftritt. Ihm fallen vor allem diejenigen Exemplare zum Opfer, die schon bei der Geburt geschädigt wurden (z. B. wegen angetrockneter Embryonalhüllen bei zu trockenen Umgebungsbedingungen). Auch isoliert von ihren Geschwistern aufgezogen, sterben solche Jungen meist nach einiger Zeit. Im Sinn der Verwandtenselektion dienen sie dann sogar noch einem „guten Zweck", wenn sie von ihresgleichen verspeist werden.

Unter dem Strich kann das Leben in einer Gruppe auch zu längerem Überleben bei gleichzeitig gutem Allgemeinzustand beitragen. Dies lässt sich z. B. bei der Gruppenhaltung subsozialer Skorpione (MAHSBERG, unveröffentl.) und Vogelspinnen zeigen (MANNS 2008).

Generell ist für soziale Tiere die Frage zu klären, unter welchen ökologischen Randbedingungen der Nutzen sozialen Verhaltens seine Kosten übersteigt. Um hierzu eine Antwort für Skorpione zu finden, müssen wir noch viel über ihre Lebensweise lernen.

Soziale Gruppen unterscheiden sich in vieler Hinsicht von Gruppenbildungen nicht verwandter Individuen, wie sie z. B. durch die Attraktivität eines geeigneten Verstecks für die Überwinterung entstehen können. Solche Aggregationen bilden z. B. auch Buthiden wie *Centruroides exilicauda* oder *Mesobuthus gibbosus* (KALTSAS et al. 2009).

Wachstum und Häutung

So viele positive Eigenschaften das mehrschichtige Außenskelett auch hat, eines kann es nicht: mitwachsen. An den weichhäutigen Körpermembranen ist es zwar bedingt dehnbar, hat sonst aber weitgehend die Charakteristika einer Ritterrüstung. Daher müssen alle noch wachsenden Gliederfüßer ihr zu eng werdendes Außenskelett periodisch gegen eine größere Ausführung auswechseln und sich häuten. Damit haben sie etwas mit den so ganz anders aussehenden Fadenwürmern (Nematoden) gemeinsam, die ihre Hautmuskelhülle ebenfalls häuten. Viele Wissenschaftler vermuten eine enge Verwandtschaft zwischen Gliederfüßern und diesen meist im Boden lebenden Würmern (CAMPBELL & REECE 2009).

Häutungen sind komplexe Vorgänge, die durch Hormone gesteuert und vermutlich durch einen „vollen Bauch" sowie spezifische Umweltreize (Temperatur, Fotoperiode) ausgelöst werden. In einer Vorhäutungsphase (Proecdysis, Apolyse), die man oft schon an der Passivität des Tieres erahnen kann, wird zunächst die Endocuticula-Schicht enzymatisch aufgelöst und eine komplette, größere Cuticula neu gebildet, die aber noch in Falten gelegt und dehnfähig ist. Durch Wassereinstrom erreicht sie schnell ihr volles Volumen. Beim eigentlichen Häutungsvorgang (Ecdysis) wird die „Resthaut" aus Exo- und Epicuticula abgestreift. Bei Skorpionen platzt dabei eine Naht am Prosoma-Vorderrand auf, aus der sich das Tier durch lokale Veränderungen seines Körperinnendrucks herausschiebt. Da in diesem Stadium sowohl alte Cuticula als auch neue Haut weich und dehnfähig sind, schafft es ein Skorpion problemlos, seine breiten Scherenhände durch die engen Gelenkpassagen zu ziehen. Allerdings bleiben Häutungen meist unbemerkt, da sie überwiegend nachts und immer im Versteck stattfinden. Nach etwa einer Stunde ist es dann geschafft, und der frisch gehäutete, noch weiche, wächsern aussehende Skorpion sitzt neben seiner „alten Haut" (Exuvie), die wie sein etwas kleineres

Postembryonales Entwicklungsstadium (• Häutung)

1 •	2 •	3 •	4 •	5 •	6 •	7 •	8
Larve	1. bis 5. Nymphenstadium (Juvenilstadien)					subadult	adult
instar 1	instar 2	instar 3	instar 4	instar 5	instar 6	instar 7	

Ebenbild aussieht. Der Aushärtungsprozess (Sklerotisierung) der Cuticula ist nach wenigen Tagen vollständig abgeschlossen. Jetzt ist der Körper auch wieder durch eine dünne, aber hocheffektive Schicht aus Wachsen imprägniert. So geschützt, kann sich der Skorpion wieder aus seinem Versteck wagen.

Eine Häutung ist in gewisser Weise ein Jungbrunnen für einen Gliederfüßer, denn dabei werden verloren gegangene cuticuläre Strukturen wie Sinneshaare ersetzt. Abgebrochene Trichobothrien z. B. sind danach wieder in voller Länge vorhanden. Selbst verlorene Extremitäten können zumindest teilweise regeneriert werden, wobei die Chancen hierfür bei den Tieren am höchsten sind, die die meisten Häutungen noch vor sich haben. Nach der Adulthäutung allerdings sind Verluste von Cuticularbildungen unwiederbringlich. Denn Postadulthäutungen, d. h. Häutungen nach der Geschlechtsreife, wie sie z. B. jährlich bei Vogelspinnenweibchen vorkommen, sind von Skorpionen nicht bekannt. Skorpione häuten sich durchschnittlich fünf bis sieben Mal in ihrem Leben, aber auch vier (manche Buthiden) oder sogar neun Häutungen (manche Diplocentriden) wurden beschrieben.

Wer hätte gedacht, dass die Häutung ein Modell für das Verständnis von Linsentrübungen beim Menschen sein kann, wo bei der Proteinalterung vergleichbare oxidative Prozesse wie bei der Härtung der Cuticula ablaufen (STACHEL et al. 1999)?

Das bräunlich gelbe bis schwarze Äußere der meisten Skorpione entspricht der für viele Arthropoden typischen Färbung ihrer ausgehärteten Exocuticula. Selten sind gelbrote oder grüne Farbnuancen. Das metallisch blaue Schimmern mancher schwarzen Arten bei Sonnenlicht entsteht durch die UV-Anregung von Fluoreszenzfarbstoffen in der Cuticula. Im Dunkeln fluoreszieren bei UV-Beleuchtung alle Skorpione grünlich, unabhängig von ihrer Färbung. Warum fluoreszieren Skorpione aber überhaupt? Verhaltensversuche von BLASS & GAFFIN (2008) deuten darauf hin, dass diese Erscheinung mit Lebensraum und Lebensweise von Skorpionen zu tun hat. Möglicherweise finden sie so ihre Partner besser, oder aber sie werden von Fressfeinden eher gemieden. Nachteilig für einen fluoreszierenden Skorpion ist dagegen, dass Fluginsekten in Vollmondnächten seine Nähe meiden (KLOOCK 2005).

Für die Benennung der Entwicklungsstadien bzw. Lebensabschnitte eines Skorpions werden oft unterschiedliche Bezeichnungen benutzt, was sehr verwirrend sein kann. Im angloamerikanischen Schrifttum werden meist alle Stadien mit Ausnahme der „adults" als „instars" bezeichnet, während andere Autoren hier noch zwischen Larven und Nymphen bzw. Juvenilstadien differenzieren. Diese Begriffe sind in der auf dieser Seite befindlichen Tabelle nebeneinander gestellt (nach KRAPF 1988b). Danach würde z. B. *Pandinus imperator* als Larve (instar 1) geboren sowie fünf Juvenil- oder Nymphenstadien (instar 2–6) und ein Subadultstadium (instar 7) durchlaufen, bis er nach insgesamt sieben Häutungen erwachsen (adult) ist. Skorpione im vorletzten Stadium (oft auch noch Nymphen genannt) zeigen gelegentlich schon Sexualverhalten. Solche „pubertierenden" Skorpione sollte man dann besser als subadult bezeichnen.

Auch innerhalb einer Art kann die Häutungsanzahl variieren, was zu unterschiedlichen Erwachsenenstadien führt. Nach BENTON (1992b) kommen in Populationen von *Euscorpius flav-*

icaudis neben großen Männchen (adult als instar 7) auch kleine vor (adult als instar 6). Bei solchen Skorpionen „kommen große Männer bei Frauen besser an", d. h. sie haben bessere Fortpflanzungschancen (dass sie eine kleinere Auserwählte dabei manchmal verspeisen, sei nur am Rande vermerkt). Andererseits müssen große Erwachsene ein weiteres gefahrenreiches Entwicklungsstadium durchlaufen, was „kleinen Jungs" erspart bleibt. Das Nebeneinander verschiedener Größenmorphen innerhalb einer Art kann durch Ernährungsunterschiede entstehen, lässt sich aber auch als eine evolutive Strategie erklären, die in Abhängigkeit von den aktuellen Lebensbedingungen einmal die Großen, ein andermal die Kleinen bevorzugt. Geschlechtsspezifische Häutungsunterschiede mit weniger Häutungen bei Männchen weisen ebenfalls auf unterschiedliche evolutive Zwänge hin: Für Männchen könnte es vorteilhaft sein, möglichst schnell geschlechtsreif zu werden, während längeres Wachstum mit größerer Endmasse bei Weibchen zu Vorteilen beim „Kinderkriegen" führen könnte.

Fehlen die entsprechenden Auslöser, können Skorpione Häutungen um Monate bis Jahre verzögern. Junge *Buthus occitanus* und *Parabuthus transvaalicus* überlebten ohne Häutung zwei und *Androctonus australis* sogar 3–6 Jahre. Bot man solchen gut genährten „Verzögerern" die Möglichkeit, sich völlig in ca. 30 °C warmen, leicht feuchten Sand einzugraben, häuteten sie sich nach kurzer Zeit erfolgreich.

Es ist zum Aus-der-Haut-fahren! Etwa eine Stunde dauert das Abstreifen der „alten Haut" (Exuvie) beim Kaiserskorpion (*Pandinus imperator*).

Fotos: D. Mahsberg

Seine erste Häutung macht ein Skorpion etwa 1–2 Wochen nach seiner Geburt auf dem mütterlichen Rücken durch (Extremwerte über alle

Arten 1–51 Tage). Diese Häutung verläuft bei allen Jungtieren eines Wurfes etwa zeitgleich. Sie geht mit tiefgreifenden Veränderungen von Struktur und Verhalten einher, weshalb man sie oft als „Larvalhäutung" bezeichnet und sie so von den Häutungen der folgenden „Nymphenstadien" abgrenzt. Mit der ersten Häutung entwickeln Skorpione ihre typische Färbung und Oberflächenskulptur. Wichtige Sinneshaare wie die Trichobothrien sind nun in endgültiger Anordnung und Zahl vorhanden, die Füße und Mundwerkzeuge sind funktionsfähig, und der Stachel ist als Waffe einsetzbar.

Um das Wachstum eines Skorpions mitzuverfolgen, kann man ihn regelmäßig wiegen, wozu bei Jungtieren oder kleinen Arten eine teure Feinwaage nötig ist. Die einzigen Freilanddaten zum Wachstum von Skorpionen stammen vom nordamerikanischen Sandskorpion *Smeringurus mesaensis* (POLIS & FARLEY 1979). Erwachsene Tiere sind mit ungefähr 2 g Lebendgewicht knapp 70 Mal schwerer als Neugeborene (0,03 g). Eine entsprechende Gewichtsvervielfachung zeigen auch im Terrarium aufgezogene Kaiserskorpione, die von Häutung zu Häutung ihr Körpergewicht ungefähr verdoppeln. Aber selbst unter kontrollierten Bedingungen sind auch innerhalb eines Wurfes mehr oder weniger große individuelle Wachstumsschwankungen zu erwarten.

Wegen der Dehnbarkeit der Intersegmentalhäute ist die Gesamtlänge eines Skorpions (Prosomavorderrand bis Stachelspitze) nur als ungefähre Maßangabe zu verstehen. Vom aktuellen Ernährungsstatus unabhängig sind bestimmte Maße des Außenskeletts. Ob sich ein Skorpion gerade frisch gehäutet hat oder vollgefressen kurz vor der nächsten Häutung steht: Länge und Breite seines Prosomas oder die Länge des 5. Metasomasegments werden im selben Entwicklungsstadium immer gleich sein. Die exakte Vermessung solcher gewichtsunabhängiger Strukturen führt man am besten unter einer Stereolupe mit Messokular durch; man kann sich aber auch

mit einem billigeren Fadenzähler behelfen. Wichtig beim Messen ist in jedem Fall, immer die gleichen Referenzpunkte anzupeilen. Die meisten Autoren, auch SISSOM et al. (1990), beziehen sich hierzu auf die Publikation von STAHNKE (1970).

Mit der letzten Häutung erreichen Skorpione ihre maximale Größe (nicht das maximale Gewicht!) und sind geschlechtsreif. Auch hier gibt es innerhalb der Ordnung bedeutende Unterschiede, wobei allerdings verlässliche Freilanddaten so gut wie nicht existieren. Während manche Buthiden (z. B. *Buthus occitanus*) oder Euscorpiiden (z. B. *Euscorpius italicus*) schon nach einem halben Jahr erwachsen sein können, sind viele Scorpionidae ausgesprochene „Spätentwickler" und z. T. erst nach über vier Jahren fortpflanzungsreif. In Terrarien wachsen Skorpione meist unter Nahrungsüberfluss heran und sind auch nicht gezwungen, klimabedingte Ruhephasen einzuhalten. Schnellere Entwicklungszeiten sind unter diesen Bedingungen daher wohl die Regel. Männliche und weibliche Kaiserskorpione wurden unter kontrollierten Laborbedingungen im achten Stadium im Alter von durchschnittlich 40 bzw. 46 Monaten erwachsen (MAHSBERG & M. KRAUS, unveröffentl.).

Im Vergleich zu den meisten anderen Arthropoden werden Skorpione mit durchschnittlich zwei bis fünf Jahren sehr alt, wobei auch hier familienspezifische Tendenzen zu beobachten sind und verlässliche Freilanddaten weitgehend fehlen. So stehen den kurzlebigen Buthiden Arten anderer Familien gegenüber, die durchschnittlich acht Jahre alt werden. Im Labor erreicht sogar der kleine *Euscorpius italicus* dieses Alter. *Pandinus imperator* kann es auf etwa 15 Jahre bringen. Ein *Nebo hierichonticus* überlebte 18 Jahre (WARBURG 2011a). Den Altersrekord hält *Hadrurus arizonensis* mit über 26 Terrarienjahren (STAHNKE 1966). In der Natur werden Feinde und Krankheiten Skorpione jedoch kaum zu solchen Greisen werden lassen.

Verbreitung und Lebensräume von Skorpionen

Skorpione global gesehen

Skorpione sind auf allen Kontinenten zu finden. Auf der Südhalbkugel fehlen sie nur in der Antarktis. Die nördlichste Verbreitung in Europa hat *Mesobuthus eupeus*, der bis an die mittlere Wolga vordringt (FET 2010). BLICK & KOMPOSCH (2004) führen in ihrer Checkliste für Mittel- und Westeuropa ausschließlich *Euscorpius* auf und geben auch die Länder Mittel-, Nord- und Westeuropas an, aus denen keine Skorpione bekannt sind. REIN (2008) nennt für Europa (ausgenommen den asiatischen Teil der Türkei) 25 Arten, die meisten aus der Gattung *Euscorpius*. FET (2010) nimmt für Europa über 35 Arten aus vier Familien an, KALTSAS et al. (2008) für den östlichen Mittelmeerraum 48 Arten aus vier Familien. Während in Deutschland in der Natur (noch) keine Skorpione

vorkommen, kann man schon in Niederösterreich auf den kleinen *Euscorpius carpathicus* stoßen, der auch in Südeuropa und bis in die Türkei anzutreffen ist. Von der Schweiz bis in den Balkan verbreitet ist *E. italicus*. Wie sehr geografische Muster die Vielfalt von Skorpionen beeinflussen können, zeigen Vergleiche der DNA-Sequenzen von *Buthus*, gesammelt im zerklüfteten Atlas-Gebirge Nord-Afrikas (HABEL et al. 2011). Berge und Täler unterbinden dort den Genfluss zwischen Populationen und ließen ein Dutzend verschiedener genetischer Linien entstehen, die durch keinen herkömmlichen Bestimmungsschlüssel unterscheidbar sind. Ein Nachtrag zur Frage, wie viele Skorpionarten es denn heute gibt ...

Da Skorpione besonders wärmeliebende Spinnentiere sind, entfalten sie ihren größten

Tropische Wälder bieten Skorpionen auch in der Vertikalen viel Raum zum Leben
Foto: D. Mahsberg

Im Geröll dieser nordafrikanischen Halbwüstenlandschaft finden Skorpione der Gattungen *Androctonus*, *Buthus*, *Leiurus* und *Scorpio* gute Lebensmöglichkeiten
Foto: D. Mahsberg

Artenreichtum in subtropischen Wüstengebieten, gefolgt von Lebensräumen der Tropen. Die 700–800 Arten neotropischer Skorpione, deren Zahl sich durch Neubeschreibungen stetig erhöht, weisen ein oft uneinheitliches Verbreitungsmuster auf (Lourenço 1998, 2001).

In den hohen Breiten nimmt die Artenzahl von Skorpionen deutlich ab. Ebenso haben nur wenige Arten große Höhen kolonisiert. *Euscorpius germanus* kommt in der Schweiz noch in 2.250 m Höhe vor, dem höchstgelegenen Skorpionfundort Europas (Braunwalder & Tschudin 1997). In den Gebirgen Nordafrikas und Mittelasiens, in denen es im Winter sehr kalt wird, leben einige Skorpionarten in bis zu 3.000 m Höhe. Im Himalaya entdeckte man *Scorpiops rohtangensis* (Scorpiopidae) in 4.300 m unter verschneiten Steinen. „Höhenrekordler" ist *Orobothriurus crassimanus* (Bothriuridae), den man in den Anden in 5.500 m fand. Soweit bekannt, entgehen Skorpione den tödlichen Gefahren von Frost durch Gefrierpunkterniedrigung ihrer Körperflüssigkeit oder wie bei *Centruroides vittatus* durch

Androctonus amoureuxi, ein großer Buthide Nordafrikas
Foto: D. Mahsberg

Gefriertoleranz. Viele Arten ziehen sich rechtzeitig an geschützte Stellen zurück und vermeiden so Temperaturextreme – dies gilt für Minus- und Plus-Grade gleichermaßen.

Skorpione liefern auch Beispiele für aktuelle Verschiebungen ihres Vorkommens. Langzeituntersuchungen von WARBURG (1997) in Israel ergaben, dass sich *Leiurus quinquestriatus*, ein ursprünglich auf südliche Wüstenregionen des Landes beschränkter Buthide, inzwischen bis in den Mittelmeerraum vorwagt. Im Gegenzug nahm der Bestand des dort einst häufigen *Scorpio maurus fuscus* (Scorpionidae) drastisch ab, der dem aggressiven Skorpionjäger *Leiurus* unterlegen ist. Ob dieser auf seinem Weg nach Norden von einer globalen Klimaerwärmung profitiert, ist zwar spekulativ. An Skorpionen als Wärmeliebhabern sollten sich solche großklimatischen Entwicklungen aber gut verfolgen lassen.

Seit Beginn der Ozeanschifffahrt werden Skorpione immer wieder weltweit verschleppt, auch in ursprünglich „skorpionfreie Zonen" wie Neuseeland. Im Reisegepäck versteckt sich gelegentlich ungeahnte lebende Fracht. Schon mancher ahnungslose Südeuropaurlauber stieß beim Auspacken seines Koffers im fernen Deutschland auf den kleinen, braunen *Euscorpius italicus*, der auch in seiner Heimat wohl nur noch in Häusern lebt und viel genetische Vielfalt eingebüßt hat (FET et al. 2005). Während die meisten dieser blinden Passagiere ihre Ausbürgerung nicht lange überleben dürften, gelang es einigen wenigen Arten wie dem tropischen *Isometrus maculatus*, sich dauerhaft in der Fremde anzusiedeln. Eine freie ökologische Nische fand auch *Euscorpius*

Euscorpius-Arten mögen warme Natursteinmauern, die gleichzeitig Feuchtigkeit bieten
Foto: D. Mahsberg

flavicaudis im vom Golfstrom erwärmten Südengland, wo er anfangs des 19. Jahrhunderts eingeschleppt wurde und regelmäßig anzutreffen ist (CLOUDSLEY-THOMPSON & CONSTANTINOU 1983). Mittlerweile findet man diesen Europäer sogar in der Neuen Welt (TOSCANO-GADEA 1998). Er ist ein Beispiel für die große Anpassungsfähigkeit vieler Skorpione.

Wo leben Skorpione?

Wie man angesichts ihrer ausgedehnten Verbreitung schon vermuten kann, leben Skorpione in den unterschiedlichsten Vegetations-

Wer in so enge Spalten passt, heißt zu Recht Spaltenskorpion (*Hadogenes bicolor*)
Foto: R. Lippe

Scorpio maurus palmatus hat vor seiner Höhle in der Negev-Wüste/Israel Beutereste gelagert
Foto: D. Mahsberg

Kaiserskorpion (*Pandinus imperator*) in Beutefangstellung (Comoé-Nationalpark/Elfenbeinküste)
Foto: D. Mahsberg

und Klimazonen. Sie haben sich dort eine Vielfalt ökologischer Nischen erschlossen: vom Spülsaum des Meeres bis zur Sanddüne und von unterirdischen Höhlen bis zur „Dach-Etage" der Bromelien in den Baumwipfeln des Regenwaldes. Die meisten Arten sind Bodenbewohner wüsten- und steppenartiger Landschaften, wo sie sehr häufig sein können. Nach LEEMING (2003) kommen im südlichen Afrika etwa 130 Arten vor. Mit bis zu über einem Dutzend sympatrischer (im selben Gebiet lebender) Arten und stellenweise 4.000 bis 10.000 Individuen pro Hektar gehören manche Wüsten zu den skorpionreichsten Flecken der Erde (POLIS & YAMASHITA 1991). Gemessen an ihrer Biomasse (Summe der Lebendmasse aller Individuen einer Fläche) übertreffen manche Skorpione alle an-

deren Tiere ihres Lebensraums: *Leiurus quinquestriatus* kann eine Biomasse von über 16 und *Hadrurus* sogar von 20 kg pro Hektar erzielen. Solche Aktivitätsdichten sind jedoch nicht die Regel, sondern treten nur in wenigen Nächten mit besonders reichhaltigem Beuteangebot auf. Auch Regen nach langer Trockenheit kann Wüstenskorpione in Scharen aus ihren Verstecken locken. In vegetationsarmen Gebieten sind Skorpione generell seltener. Auch in Wüsten bevorzugen sie Stellen mit Pflanzenwuchs, der mit höherem Nahrungsangebot korreliert ist und mehr Versteckmöglichkeiten bietet.

Obwohl es ungewöhnlich klingt, scheinen Haufen angespülter *Sargassum*-Algen die idealen Skorpionlebensräume zu sein, denn einige

Kaiserskorpion (*Pandinus imperator*) auf dem Weg in seine Höhle (Comoé-Nationalpark/Elfenbeinküste)
Foto: D. Mahsberg

In der Trockenzeit, wenn die westafrikanische Savanne abgebrannt ist, bleibt *Pandinus imperator* in seiner Höhle
Foto: D. Mahsberg

Ein Gewitter naht! Mit Beginn der Regenzeit werden viele Tiere wieder aktiv, auch Kaiserskorpione.
Foto: D. Mahsberg

Arten kommen in und auf Anwurf der Gezeitenzone in erstaunlicher Dichte vor. Der kleine *Serradigitus* [*Vaejovis*] *littoralis* z. B. teilt sich einen Quadratmeter kalifornischen Strandes mit bis zu zwölf Artgenossen, die sich von dort häufigen Asseln ernähren (POLIS 1990b).

Apropos Versteck: Dort verbringen Skorpione die meiste Zeit ihres Lebens. Man findet sie unter Steinen, in Felsritzen, im Mauerwerk, unter loser Rinde und Falllaub, in morschem Holz, in Baumhöhlen, unter Moospolstern, in den Blattachseln von Palmen, aber auch in von anderen Tieren gegrabenen Gängen usw. Viele Buthiden z. B. akzeptieren alles, was als „Dach über dem Kopf" geeignet ist – vom flachen Stein und Rindenstück bis zu Blechbüchse, Schlafsack und Wanderstiefel. Sie heben unter ihrem Versteck meist nur eine flache Mulde aus, die ihnen allseitigen Körperkontakt (Thigmotaxis) ermöglicht.

Der Vorliebe aller Skorpione für enge Wohnungen sollte man auch im Terrarium entsprechen, da die Tiere sonst nicht zur Ruhe kommen und dauernd auf der Suche nach einem besseren Versteck umherlaufen. Mit dem Rücken nach

unten an einem warmen Stein zu sitzen, ist für viele Arten auch nicht ungewöhnlich. Dies sollte man aus Sicherheitsgründen bedenken, wenn man bei der Skorpionpirsch Steine umdreht.

Wo spezifische ökologische Bedingungen zur Ausbildung besonders angepasster Strukturen geführt haben, lassen sich Skorpione bestimmten Ökomor-

Das Weibchen des tunesischen Fahlbürzel-Steinschmätzers (*Oenanthe moesta*) wird diesen *Scorpio punicus* gleich an seine Jungen verfüttern
Foto: K. E. Linsenmair

Im Regenwald leben Skorpione oft unter Totholz oder bewohnen Höhlen im Baumwurzelbereich, z. B. *Heterometrus* oder *Pandinus*
Foto: D. Mahsberg

photypen zuordnen. Felsliebende (lithophile) Habitatspezialisten sind z. B. die *Hadogenes*-Arten Südafrikas. Mit ihrem lang gestreckten, flachen Körper und den schlanken Scheren passen sie gut in enge Felsspalten hinein. Dank kräftiger, gebogener Fußklauen und robuster Sohlendornen finden sie am Fels soliden Halt. Auch *Euscorpius flavicaudis* ist bevorzugt in Spalten und Mauerritzen anzutreffen. Nach BENTON (1992a) verlassen Weibchen „ihre" Ritze weniger als zehn Mal im Jahr!

Spezialbildungen wie verbreiterte, dicht behaarte Füße zum Graben in sandigen Böden zeichnen den Ökomorphotyp sandliebender (psammophiler) Skorpione aus, wie *Opisthophthalmus holmi*, *Vejovoidus longiunguis*, *Smeringurus mesaensis* oder *Liobuthus kessleri*. Dieser mittelasiatische Buthide stützt sich auf seine Scheren und das letzte Beinpaar, während die anderen sechs Beine den Sand wie ein Schaufelbagger nach hinten weg-

schleudern. Tagsüber bleibt er etwa 20 cm tief im Sand vergraben, um erst nach Abklingen der Tageshitze an die Oberfläche zu kommen.

Außer den Buthiden sind fast alle anderen Skorpione Bewohner von Höhlen, die sie z. B. im zerklüfteten Wurzelbereich von Bäumen selbst gegraben oder von anderen Arthropoden bzw. von Nagetieren übernommen haben. Im artenreichen Südafrika sind *Opistophthalmus*-Arten an ganz bestimmte Bodenhärten angepasst und graben keinesfalls an jedem beliebigen Fleck.

Schon den kräftigen Fußklauen und kurz bedornten Tarsen, den stabilen Cheliceren und mächtigen Scherenhänden vieler Scorpionidae und Diplocentridae sieht man an, dass sie zu den obligatorisch grabenden Arten gehören. Ihre Höhlen, die nur wenig unter der Erdoberfläche liegen oder auch bis einen Meter oder tiefer reichen können, sind oft spiralig angelegt. Bei den australischen Arten der Gattung

Die Dünen der Namib-Wüste sind etwas für Sandspezialisten wie manche *Opisthophtalmus*-Arten
Foto: D. Mahsberg

Urodacus schrauben sich 6–7 Windungen in die Tiefe.

In einer Kammer am Ende des Gangs wohnt der Höhlenbesitzer, der sein Zuhause nur selten verlässt. Höhlenbewohnende Skorpione sind überwiegend Ansitzjäger, die nicht zur mobilen Jagd ausrücken, sondern auf unvorsichtige Beute lauern. In nordafrikanischen und vorderasiatischen Halbwüsten lebt *Scorpio maurus*, der die Frühjahrsregen ausnützt, um im dann aufgeweichten Lössboden einen bis zu einen Meter langen Gang zu graben. Er verrät seine Anwesenheit nur durch den halbmondförmigen Höhleneingang, vor den er gelegentlich seinen „Müll" kehrt: Überbleibsel seiner Beute und Häutungsreste. Sein sicheres Versteck zu verlassen, kann das Todesurteil für *Scorpio* sein, da allerlei Räuber wie Agamen, Steinschmätzer oder Füchse auf ihn warten. Eine Höhle ist auch Lebensversicherung für die großen *Pandinus*-Arten südlich der Sahara. Sie

sind ausgemachte Stubenhocker, die vermutlich über 90 % ihres Lebens mit „Innendienst" verbringen. Höhlenbesitz, schwankendes Beuteangebot und hoher Feinddruck auf Auswandernde waren vermutlich Voraussetzungen für die Bildung sozialer Gruppen bei *Pandinus imperator* und einigen anderen Skorpionarten (MAHSBERG 1998, 2001).

Am tiefsten verziehen sich Skorpione geologischer Höhlensysteme unter die Erde, wobei der normal pigmentierte *Alacran tartarus* (Superstitioniidae) mit 812 m Rekordhalter ist. Etwa ein Dutzend Arten hat sich diese lichtlosen Lebensräume erschlossen. Viele dieser Skorpione haben ihre Pigmente verloren und sehen daher blass aus. Manche haben ihre Augen stark reduziert oder sind sogar ganz blind. Die meisten Höhlenarten leben in den Neotropen; als einziger europäischer Vertreter dieser seltenen Spezialisten kommt der Chactide *Belisarius xambeui* in Höhlen der Pyrenäen vor.

Das System der Skorpione: Familienüberblick

Der Katalog der Skorpione von FET et al. (2000) unterteilte die bis Ende 1998 bekannten 1.259 rezenten Arten der Ordnung in 155 Gattungen, die 16 Familien zugeordnet wurden: Bothriuridae, Buthidae, Chactidae, Chaerilidae, Diplocentridae, Euscorpiidae*, Heteroscorpionidae*, Ischnuridae, Iuridae, Microcharmidae*, Pseudochactidae*, Scorpionidae, Scorpiopidae*, Superstitioniidae*, Troglotayosicidae* und Vaejovidae.

Die mit * gekennzeichneten Familien wurden aufgrund neuer taxonomischer Erkenntnisse etabliert und ergänzen die vormals verbreitete Einteilung der Skorpione in neun Familien (SISSOM 1990). Die „neuen" Familien sind artenarm (zwischen einer und sechs Arten, die Scorpiopidae mit 27 Arten) und werden im Weiteren nicht berücksichtigt (die Troglotayosicidae wurden inzwischen schon wieder aufgelöst). Dass zur Systematik der Skorpione durchaus kontroverse Meinungen – auch hinsichtlich stammesgeschichtlich begründbarer Merkmale und geeigneter Methodik – bestehen, zeigen die Publikationen von SOLEGLAD & FET (2003), FET & SOLE-GLAD (2005) sowie PRENDINI & WHEELER (2005). PRENDINI (2011) verzeichnet aktuell 18 rezente Familien und 1.947 Arten. Wer die Veränderungen in der Skorpiontaxonomie mitverfolgen möchte, sei z. B. auf REIN (2012) verwiesen.

Für die Skorpionsystematik wichtige morphologische Merkmale sind u. a. die Form der Brustplatte (Sternum), Bezahnung der Cheliceren, Form der Scherenhände und Bezahnung der Scherenfinger des Pedipalpus, Ausbildung des Giftstachels (Telson), Zahl und Stellung der Seitenaugen (Lateralaugen), Vorhandensein von Krallen, Sporen oder Borsten an den Beinen sowie Zahl und Verteilungsmuster der Becherhaare (Trichobothrien) auf den Pedipalpen. Um den artspezifischen Bau der Spermatophore beurteilen zu können, muss diese aus dem männlichen Paraxialorgan herauspräpariert werden.

Skorpione sind meist ohne größere Probleme bis auf Familienniveau bestimmbar (siehe Schlüssel in STOCKMANN & YTHIER 2010). Einen einfachen Bestimmungsschlüssel für häufig im Zoohandel geführte Taxa liefert STRIFFLER (2004). Der folgende Überblick stellt einige der Skorpionfamilien vor, die auch von terraristischem Interesse sind.

Chactidae? Diplocentridae? Bothriuridae? Nach einem Foto allein sind Skorpione oft nicht einmal sicher einer Familie zuzuordnen – so wie dieses Tier aus den Anden Ecuadors.

Foto: H. Werning

Buthidae

Mit 73 Gattungen und 529 Arten sind die Buthiden die artenreichste Skorpionfamilie. Sie nehmen in vieler Hinsicht eine Sonderstellung innerhalb der Ordnung ein.

Kennzeichnend für (fast) alle Buthiden ist das annähernd dreieckige Sternum (S. 18, Abb. A). Skorpione mit schlanken, pinzettenförmigen Scherenhänden, die nicht oder nur wenig breiter sind als Femur und Tibia des Pedipalpus, sind meist Angehörige dieser Familie. Buthiden sind oft strohgelb bis sandfarben oder zeigen verschiedene Brauntöne, aber auch schwarze Arten kommen vor (z. B. *Androctonus mauritanicus*). Manche wie *Isometrus maculatus*, *Babycurus buettneri* oder *Uroplectes* spp. wirken durch verschieden getönte Flecken und Makel fast bunt. Neben kleinen Arten von 1,5–2 cm Länge wie *Compsobuthus werneri* oder *Butheoloides annieae* werden *Parabuthus villosus* oder manche *Androctonus* über 10 cm lang. Die meisten Buthiden sind mittelgroße Skorpione.

Uroplectes sp., ein Buthide aus Südafrika
Foto: D. Mahsberg

Für die Gattungsbestimmung sind u. a. die Granulation und das Kielmuster auf der Oberseite des Prosomas wichtig. Außerdem kommt bei manchen Gattungen wie den neotropischen, teils sehr giftigen *Tityus*-Arten ein Subakulearstachel vor, der wie ein Dorn unterhalb des Giftstachels hervorsteht. Subakulearstachel bzw. -tuberkel, gelegentlich sogar in Mehrzahl, gibt es in unterschiedlicher Größe auch bei anderen Skorpionen, z. B. bei *Centruroides gracilis* oder *Rhopalurus* spp. (Buthidae), *Diplocentrus whitei* (Diplocentridae) oder *Broteochactas* spp. (Chactidae).

Die Buthidae sind nahezu weltweit verbreitet; sie fehlen z. B. auf Neuseeland. Einzige südeuropäische Art ist der gelbbraune Feldskorpion (*Buthus occitanus*), der u. a. wegen der lyraförmigen Erhebung auf dem Prosoma mit keinem anderen europäischen Skorpion verwechselt werden kann.

Die klassischen „Wüstenskorpione" sind überwiegend Buthiden. Sie entgehen den hohen Temperaturen der Wüste und Halbwüste, indem sie sich tagsüber eingraben oder unter Steinen oder in Spalten verstecken.

In warmen Nächten laufen sie dagegen umher und klettern beim Beutefang auch in Bäume und Büsche. Wo Buthiden wie in Nordafrika besonders artenreich sind, teilen sie sich den Lebensraum z. B. durch Nutzung unterschiedlicher Substrate auf: Während *Buthacus arenicola* Sandböden bevorzugt, findet man *Androctonus* spp. eher auf den Lehm-Löss-Böden der Hamada oder in felsigem Areal. Andere Buthidenarten kommen ausschließlich in Wäldern vor, vom Trocken- bis zum Regenwald, wo sie unter loser Rinde, umgestürzten Baumstämmen oder im Wurzelwerk verborgen leben und Spinnen, Termiten sowie andere Insekten jagen. Der in der englischsprachigen Fachliteratur gebräuchliche Terminus „bark scorpions" (= Rindenskorpione)

Subakulearstachel (hier bei *Isometrus maculatus*) stehen nicht mit Giftdrüsen in Verbindung
Foto: H. Fischer

Centruroides sp. (Buthidae),
Mittelamerika
Foto: D. Mahsberg

für die Anwohner zu einem ernsten Problem werden. Zu den Buthiden zählen auch Giftsprüher wie die südafrikanischen *Parabuthus*-Arten. Gefährliche Skorpione, die auch für den Menschen stark giftig sind, gehören überwiegend zu den Buthidae (siehe „Skorpione als Gifttiere").

Scorpionidae

Mit sieben Gattungen und 131 Arten sind die Scorpionidae die zweit-

trifft auf viele Buthiden zu und kennzeichnet ihre Vorliebe für Verstecke aus totem pflanzlichen Material.

Wo im Verbreitungsgebiet Häuser oder Ställe Unterschlupf und Nahrung für Buthiden bereitstellen, muss man auch immer damit rechnen, direkten Kontakt mit ihnen zu bekommen. Wenn wie in Südamerika bestimmte sehr giftige *Tityus*-Arten gelegentlich in großer Zahl in Siedlungen einwandern (STRIFFLER 2011e), kann dies

größte Skorpionfamilie. Ein fünfeckiges Sternum (S. 18) und meist sehr breite, kräftige Scherenhände sind nur zwei aus einer Reihe weiterer familienspezifischer Merkmale. In vier Gattungen treten rudimentäre (*Scorpio*) oder funktionsfähige Stridulationsorgane auf (*Pandinus*, *Heterometrus*, *Opistophthalmus*); siehe auch „Skorpione - taubstumme Nachtwandler?"

Das Verbreitungsgebiet der Scorpionidae erstreckt sich von Afrika und dem östlichen Mittelmeerraum über den Mittleren und Fernen Osten bis nach Australien. Sie bewohnen Halbwüsten, Savannen und Regenwälder, wobei ihre Höhlen ein ausgeglichenes Mikroklima bieten. Alle können gut graben, sind aber auch unter großen Steinen, umgestürzten Baumstämmen oder in Termitenhügeln zu finden. Viele der häufiger im Terrarium gepflegten Arten stammen aus dieser Familie, zu der die größten Skorpione gehören. Am bekanntesten dürfte der westafrikanische Kaiserskorpion (*Pandinus imperator*) sein, der etwa 20 cm lang werden kann und meist 20–30 g schwer ist – ein trächtiges Weibchen erreichte

Scorpio puncus (Scorpionidae) aus Süd-Tunesien in Drohstellung
Foto: D. Mahsberg

einmal sogar 60 g! Diese Skorpione werden immer wieder mit teils äußerst ähnlichen Arten der südostasiatischen Schwestergruppe der Gattung *Heterometrus* verwechselt. Ein Blick mit der Stereolupe verschafft jedoch schnell Klarheit: Während alle *Heterometrus*-Arten 48 Trichobothrien je Pedipalpus besitzen, sind es bei *Pandinus imperator* 85 (die zusätzlichen Haare stehen vor allem unterseits der Pedipalpentibia). Hinsichtlich ihrer Ökologie und ihres Verhaltens ist *Heterometrus* eine sehr vielfältige Gattung, die wie *Pandinus* auch subsoziale Arten hervorgebracht hat (MAHSBERG 1998, 2001).

Diplocentridae

Die meisten Diplocentriden (acht Gattungen, 76 Arten) sind Skorpione mit kräftigen Scherenhänden, fünfeckigem Sternum und einem mehr oder weniger ausgeprägten Subakulearstachel. Durch dieses Telsonmerkmal werden sie auch von den nah verwandten Scorpionidae getrennt, mit denen sie z. B. den gleichen Modus der Embryonalentwicklung teilen (Katoikogenie, siehe auch Ischnuridae). Die meisten Diplocentriden leben in Nord- bis Mittelamerika. In Trockengebieten suchen sie feuchtere Mikrohabitate auf. Mit zehn Arten kommt die Gattung *Nebo* als paläarktische Reliktgruppe in der Alten Welt vor. *Nebo hierichonticus*, der mit knapp 9 cm Länge größte Skorpion Israels, lebt unter Steinen, bewohnt Nagerbaue oder gräbt sich eine Wohnhöhle. Mit seinen kräftigen Scheren erbeutet er mühelos auch größere Arthropoden wie Schwarzkäfer.

Ischnuridae

Die acht Gattungen und 56 Arten dieser Familie zeigen viele Übereinstimmungen mit den Scorpionidae, innerhalb derer sie früher als Unterfamilie geführt wurden. Für den Laien sind bis auf das fünfeckige Sternum fast alle anatomischen und morphologischen Merkmale der Ischnuridae nur schwer fassbar. Dagegen kennt

Männchen des Dünnschwanz- oder Spaltenskorpions *Hadogenes bicolor*
Foto: R. Lippe

jeder Skorpionliebhaber die südafrikanische Ischnuriden-Gattung *Hadogenes* mit ihren teils sehr großen Vertretern. *Hadogenes*-Arten nehmen unter allen Skorpionen insofern eine Sonderstellung ein, als sie auf jedem Pedipalpus bis zu 150 Trichobothrien besitzen. Im Vergleich zum Grundmuster Typ C nach VACHON (1974) mit 48 Trichobothrien ist dies eine sehr hohe Dichte an Sinneshaaren, die in diesem Ausmaß auch von anderen Skorpiongattungen mit erhöhter Trichobothrienzahl nicht erreicht wird. Wofür diese vielen Sinneshaare gebraucht werden, ist unklar.

Während *Hadogenes*-Arten typische Felsenbewohner sind, gehören vor allem die Vertreter der Gattung *Opisthacanthus* zu den grabenden Skorpionen.

In den Trockengebieten Madagaskars findet man unter loser Rinde und häufig auch im Bast von Palmenblättern *Heteroscorpion opisthacanthoides* (der neuerdings in die eigene monotypische, also nur eine Gattung umfassende Familie Heteroscorpionidae gestellt wird). Die Verbreitung der heute lebenden Ischnuriden deutet auf den Gondwana-Ursprung dieser Gruppe hin, die außer im südlichen und östlichen Afrika in Madagaskar, Südamerika, Indien, Südostasien und Australien vertreten ist.

Die Ischnuridae sind überwiegend große bis sehr große Skorpione, die langsam wachsen, langlebig sind und katoikogene Embryogenese zeigen. Außer dem brasilianischen *Opistha-*

Männchen von
Euscorpius flavicaudis
Foto: D. Mahsberg

canthas cayaporum
könnten noch andere Arten dieser Familie als Kandidaten für Sozialität bei Skorpionen in Frage kommen.

Bothriuridae

Mit 12 Gattungen und knapp 80 Arten kommen die Bothriuridae in Südamerika, Australien und Südafrika vor. Ihr Sternum ist eine quer liegende, schmale Platte, die, wenn andeutungsweise fünfeckig, ein Mehrfaches breiter als hoch ist (S. 18, Abb. C). Die Form des Sternums ist damit für die Buthidae (dreieckig) und Bothriuridae (schmal) ein eindeutiges Familienmerkmal.

Bothriuriden leben in kleinen Höhlen, unter Steinen, in Felsspalten oder in selbst gegrabe-

Euscorpius italicus
Foto: R. Lippe

nen, bis zu 40 cm tiefen Erdbauen. Der argentinische *Urophonius brachycentrus* ist die bisher einzig bekannte Ausnahme vom sonst bei Skorpionen üblichen „Auf-den-Rücken-der-Mutter-Klettern": Seine Neugeborenen sitzen, mit Dotterreserven beladen, in einer unterirdischen Geburtskammer, wo sie sich nach über drei Wochen erstmals häuten. Die Männchen einiger Bothriuriden besitzen am Telson und am fünften Metasomasegment Drüsen, mit deren Sekret sie die Weibchen beim Paarungsvorspiel einreiben. Peretti (1997) vermutet, dass dies „schlecht gelaunte Damen" geneigter macht ...

Euscorpiidae

Nach Fet et al. (2000) gehören zu dieser Familie vier Gattungen mit 14 Arten, von denen *Euscorpius* am bekanntesten ist. Die meisten dieser durchweg kleinen Skorpione sind typische „Europäer". Sie wurden lange fünf Arten zugeordnet (Braunwalder 2005; Fet et al. 2004; Tietz 2007). *Euscorpius* ist ein gutes Beispiel für die Existenz sogenannter kryptischer (verborgener) Arten: äußerlich nicht auseinanderzuhalten, bestehen dennoch große Unterschiede in molekularen Merkmalen wie der mDNA (Jacob et al. 2004). Dementsprechend sind aktuell 17 Arten anerkannt (Rein 2012, Striffler 2011d).

Chactidae

Die Systematik der Chactidae und der darauf folgenden Vaejovidae ist umstritten, weshalb trennende familienspezifische Merkmale nicht benannt werden können. Unter den 11 Gattungen und ca. 140 Arten der Chactidae sind die vorwiegend im Dauerdunkel kühler Höhlen lebenden noch am leichtesten zu identifizieren, da ihnen Median- und z. T. sogar Lateralaugen fehlen. In Europa kommt *Belisarius xambeui* vor, der blinde Höhlenskorpion der Pyrenäen.

Die meisten Chactiden leben in Mittel- und Südamerika und gehören zu den beiden artenreichsten Gattungen der Familie, *Broteochactas* und *Chactas*.

Vaejovidae

Die Systematik der 146 Arten der Familie Vaejovidae ist im Umbruch. Unter den derzeit 10 Gattungen nimmt *Vaejovis* den unbefriedigenden Rang einer „Sammelgattung" ein, in der etliche Arten mit unklarem Status stehen. Wie bei den Chactidae sind familienspezifische Merkmale nur unter Berücksichtigung der Beinbedornung, des Trichobothrienmusters und der Chelicerenbezahnung erkennbar.

Das Hauptverbreitungsgebiet der Vaejoviden liegt in den Vereinigten Staaten und Mexiko; wenige Arten kommen in Südostasien vor. Bevorzugt werden trockene, wüstenhafte Biotope. Während der kräftige *Anuroctonus phaiodactylus* auch in härterem Untergrund Höhlen anlegt und diese selten verlässt, meidet der Sandskorpion *Smeringurus mesaensis* festere Böden und lauert nachts auf Dünen seiner Beute auf.

Der Sandskorpion *Smeringurus (=Paruroctonus) mesaensis*, eine der bestuntersuchten Skorpionarten
Foto: R. Lippe

Iuridae

Mit nur sechs Gattungen und 21 Arten sind die Iuridae eine der kleinsten Skorpionfamilien. Im Gegensatz zu allen anderen Skorpionen tragen sie am Innenrand des beweglichen Chelicerenfingers 1–2 große, dunkle Zähne. Ansonsten sind sie den Chactidae und Vaejovidae sehr ähnlich, mit denen sie früher vereint waren.

Die Iuridae kommen überwiegend in ariden Gebieten Nord- und Südamerikas vor. *Calchas nordmanni* und *Iurus dufoureius* (der mit 10 cm größte Skorpion Europas) erreichen auch Asien und Griechenland.

Die Beute von *Hadrurus arizonensis* besteht zu über einem Fünftel aus anderen Skorpionen. Mit bis zu 11 cm Länge ist der grünlich gefärbte *H. hirsutus* die größte Art der Gattung. *Hadrurus concolorous* vermag Gift über etwa 10 cm Entfernung zu versprühen.

Die drei Arten der Unterfamilie Iurinae leben in der Türkei und an der Mittelmeerküste Griechenlands, wo man auch auf den gelbbraunen *Iurus dufoureius* stößt, dessen Aussehen zunächst an einen Buthiden erinnert.

Hadrurus arizonensis (Iuridae), ein Bewohner nordamerikanischer Wüsten, jagt bevorzugt Artgenossen und andere Skorpione
Foto: W. Schmidt

Skorpione als Gifttiere

Sind alle Skorpione giftig?

Diese Frage ist eindeutig mit „Ja" zu beantworten, denn alle Skorpione sind aktiv giftig. Dies bedeutet, dass sie ihr Gift parenteral, ohne Umweg über den Verdauungstrakt, direkt in den Kreislauf des Opfers einbringen (MEBS 2010). Skorpione besitzen am Ende ihres „Schwanzes" (Metasoma) ein bewegliches, ballonförmiges Telson, das als Stechapparat fungiert. Sein mehr oder weniger stark gekrümmter Giftstachel steht über zwei feine Ausführkanäle mit einem Paar Giftblasen in Verbindung, in deren Epithel die Gifte sezer-

nierenden Drüsenzellen eingebettet sind. Neben der Form des Telsons ist auch die Morphologie der Giftblase von systematischem Wert. So nimmt die Oberfläche des Drüsenepithels von den Chactidae (relativ glattwandig, geringe Oberfläche) bis hin zu den Buthidae (starke Faltungen, große Oberfläche) deutlich zu. Das von den Drüsenzellen abgesonderte Gift wird in den Giftblasen gespeichert. Diese sind keineswegs „nach einmaligem Gebrauch" leer und die Skorpione dann „ungiftig". Vielmehr setzen Skorpione ihre Gifte sparsam und dosiert ein. Buthiden wie *Leiurus quinque-*

Androctonus amoreuxi – bereit, seinen Stachel einzusetzen
Foto: D. Mahsberg

striatus kann man dutzende Male Grillen vorsetzen und sie ihnen sofort nach dem Stich wieder abnehmen – auch die zuletzt Gestochenen werden die schnelle Wirkung der lähmenden Toxine zeigen. Dosierter Giftgebrauch (Nisani & Hayes 2011) ist vermutlich auch ein Hinweis auf die hohen „Herstellungskosten" für diese komplexen chemischen Gemische, deren Hauptaufgabe es ist, Beute kampfunfähig zu machen und Angreifer nachhaltig zu warnen. Seinen Stachel bohrt ein Skorpion nicht wahllos in den Körper des Opfers, sondern versenkt ihn meist ganz gezielt in weiche Intersegmentalhäute, in Kopf oder Bauchmark, wo das Gift schnell sein Ziel erreicht.

Toxine und Toxineffekte

Die lähmenden Komponenten im Skorpiongift sind Neurotoxine. Dies sind basische Polypeptide, deren Aminosäuresequenz und räumliche Faltstruktur im Mittelpunkt zahlreicher Untersuchungen stehen. Dank ihrer hohen Rezeptorspezifität sind diese Toxine in der Molekularbiologie inzwischen zu einem wichtigen Werkzeug avanciert, da sie selektiv an die Natrium-, Kalium- bzw. Calciumkanäle erregbarer Membranen ankoppeln und diese öffnen (alpha-Toxine der Altweltskorpione), blockieren (beta-Toxine der Neuweltskorpione) bzw. beides veranlassen (gamma-Toxin von *Tityus serrulatus*). Unterschiedliche Affinitäten der Skorpiontoxine für Rezeptorstellen in bestimmten Geweben oder auch bei verschiedenen Zielgruppen führen zu ganz verschiedenen Gifteffekten, weshalb man auch zwischen Insekten-, Krebs- und Säuger-Toxinen sowie Verteidigungstoxinen unterscheiden kann (Loret & Hammock 2001). Diese Toxine können im Gift einer Art nebeneinander vorkommen. Im „Nervenkostüm" eines Opfers werden durch die Toxinwirkungen sowohl massive Aktivierungs- als auch Deaktivierungsprozesse ausgelöst, die Muskelspannung und Funktion zahlreicher innerer Organe beeinflussen können.

Die dunkle Stachelspitze von *Androctonus amoreuxi* ist besonders hart

Foto: D. Mahsberg

Für die Symptomatik nach einem Skorpionstich ist neben direkten und synergistischen Toxineffekten vor allem auch die Freisetzung großer Mengen an Katecholaminen (Adrenalin, Noradrenalin) verantwortlich. Beim Menschen kann dies schwere autopharmakologische Reaktionen mit Herz-Kreislauf-Störungen und lebensbedrohlichen neurologischen Ausfällen hervorrufen, die im schlimmsten Fall zum Tod führen. Zum Glück kommen nur wenige Skorpionarten für einen solchen „GAU" in Frage. Die Giftigkeit von Skorpionen unterliegt auch innerartlicher geografischer Variabilität.

Enzymatische Bestandteile spielen im Gift von Skorpionen kaum eine Rolle, weshalb das Gewebe um die Einstichstelle meist unauffällig bleibt. Eine große Ausnahme stellt *Hemiscorpius lepturus* dar: Sein Gift enthält neben ungewöhnlichen Neurotoxinen auch starke Cytotoxine, die bei manchen Patienten schwere Gewebszerstörungen bis hin zu Nekrosen und heftigen systemischen Reaktionen hervorrufen. Im ländlichen Iran gehen 95 % der Todesfälle auf das Konto dieser Scorpioniden; an Buthidenstichen sterben dort dagegen nur wenige Menschen (Radmanesh 1998). Berücksichtigt man noch die Spätfolgen solch übler Verletzungen, könnte man *Hemiscorpius lepturus* vielleicht als den gefährlichsten Skorpion überhaupt bezeichnen.

Wie Neurotoxine von Skorpionen evolvierten, steht genauso im Fokus der Forschung wie ihre Einsatzmöglichkeiten in der Medizin. So wurden aus den Giften von *Pandinus imperator* und *Lychas mucronatus* Toxine isoliert, die den Weg für neue, auch resistente Keime überwindende Antibiotika eröffnen könnten (Corzo et al. 2001, Dai et al. 2008).

Gift als Abwehrwaffe

Skorpione setzen ihr Gift nicht nur zum Töten von Beute ein, sondern stechen auch, um Angreifer oder Störenfriede abzuwehren. Solche Abwehrschläge mit dem Schwanz können blitzschnell und gezielt erfolgen, auch weit nach vorne über den Kopf des Skorpions; Buthiden sind dabei besonders treffsicher. Neben den eigentlichen Toxinen sind Schmerzen erzeugende Giftkomponenten wie Serotonin für die Lektion verantwortlich, die dem Empfänger dieser Unheilsbotschaft erteilt wird. Der wird sich vermutlich hüten, einem Skorpion ein

weiteres Mal zu nahe zu kommen. Die meisten Skorpionstiche sind nicht mehr als ein Nadelstich – falls der Stachel die Haut überhaupt durchdringt. Der Schmerz ist nach wenigen Minuten vergessen. Stiche können aber auch äußerst heftig wirken. Schmerzen halten dann viele Stunden an, strahlen von der Stichstelle aus und verschlechtern durch die Angst, die sie beim Gestochenen auslösen können, dessen Allgemeinzustand. Hier von „Schmerzgiften" zu sprechen, ist durchaus angebracht. Besonders vorsichtig muss man daher mit Arten der Buthidengattungen *Androctonus*, *Centruroides*, *Parabuthus* und *Tityus* (Seiter 2011) umgehen, die oft auch sehr stechfreudig sind. Eine oder besser zwei lange Pinzetten gehören für den Halter solcher Skorpione zur Standardausrüstung!

Vorsicht ist auch bei den „Giftspritzern" in der Skorpionwelt geboten. Das gezielte Wegschleudern von Gifttropfen in Richtung Angreifer ist von *Hadrurus concolorous* und vor allem von südafrikanischen *Parabuthus*-Arten bekannt. Letztere überbrücken dadurch bis zu einen Meter Distanz, was für die Augen gefährlich ist und zu Hornhautschäden führen kann. *Parabuthus villosus* hilft der Erinnerung an seine schmerzhaften Fähigkeiten akustisch und olfaktorisch nach: Sein milchiges Gift, das er stridulierend verspritzt, riecht nach Meerrettich und ist allergen (Mahsberg, pers. Beob.).

Der Todesstoß – *Buthus tunetanus* sticht eine Larve von *Zophobas morio* zwischen die Rumpfsegmente
Foto: D. Mahsberg

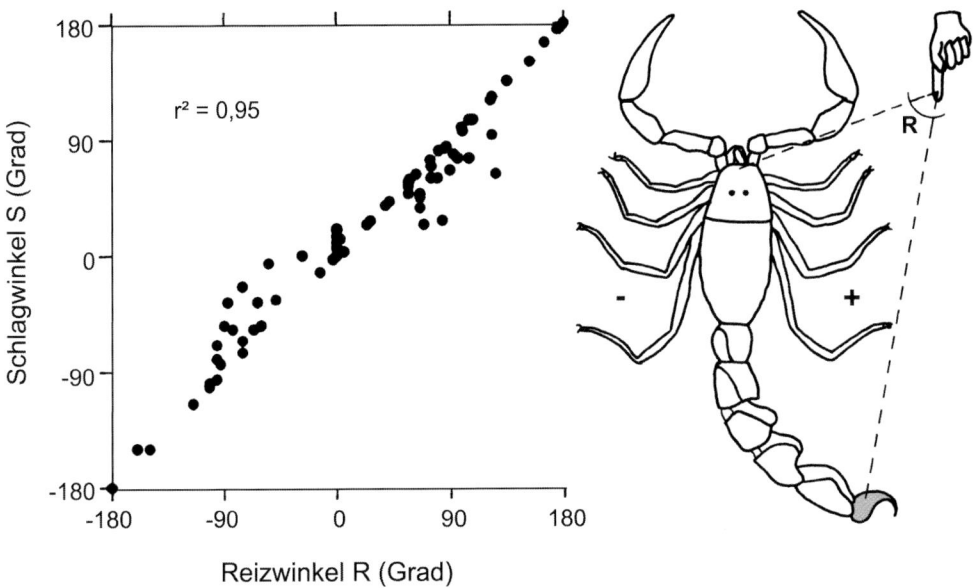

Wie zielgenau schlagen Skorpione mit dem Giftstachel zu? Drei *Androctonus australis*, deren Augen abgedeckt waren, wurden insgesamt 77 Mal mit einer in ihrer Nähe bewegten Attrappe „geärgert" (Finger). Zuvor wurde jeweils der Reizwinkel R gemessen (Finger – Mitte Prosomavorderrand – Telson. + und –: rechts bzw. links der Körperlängsachse). R = 0° bzw. +–180°: Attrappe direkt von vorne bzw. von hinten. Entsprechend wurde nach Videostandbildern der Schlagwinkel S bestimmt, wenn sich der Giftstachel der Attrappe maximal genähert hatte. Über ein Drittel der Abwehrschläge waren winkelgenaue „Volltreffer"!

Grafiken: D. Mahsberg

Gattungsgenosse *P. transvaalicus* zeigt in Versuchen einen noch differenzierteren Gifteinsatz (INCEOGLU et al. 2003, NISANI & HAYES 2011). Neben „trockenen" Stichen setzt er, dem Bedrohungsrisiko entsprechend, zunächst ein wässrig klares „Vorgift" ein, das vor allem Kaliumionen enthält und „nur" starken Schmerz verursacht. Erst danach kommt trübes, eiweißreiches Gift zum Einsatz, das tödliche Lähmungen hervorrufen kann.

Umso erstaunlicher ist, dass Wüstenmäuse der Gattung *Onychomys* in Nordamerika *Centruroides*-Arten erbeuten, deren potenziell hochwirksames Gift bei den Nagern keinen Eindruck hinterlässt. Diese Mäusepopulationen haben unter dem Selektionsdruck, mit gefährlicher Beute klarkommen zu müssen, Resistenzen gegen *Centruroides*-Toxine entwickelt (ROWE & ROWE 2008).

Kannibalen, Hochzeiter und „Selbstmörder"

Skorpione sind vor ihren eigenen Waffen sicher, da sie gegen ihr Gift immun sind. LEGROS et al. (1998) zeigten für die starken Neurotoxine von *Androctonus australis* und *Tityus serrulatus*, dass selbst bei hohen Toxinkonzentrationen keinerlei negative Effekte auf die Ionenkanäle des Nervensystems und auf Muskelfasern von Skorpionen eintraten. Dennoch setzen kannibalische Arten ihr Gift ein, um Artgenossen zu töten, und Skorpionjäger, um andere Arten zu erlegen. Auch in diesen Fällen könnten unterschiedliche Giftkomponenten wie bei *Parabuthus transvaalicus* zum Einsatz kommen. Dies würde auch erklären, warum gezielte Bauchmarkstiche von *Smeringurus mesaensis* oder *Leiurus quinquestriatus* trotz

Dieser stechbereite südafrikanische *Parabuthus* sp. (Buthidae) hat an der Stachelspitze bereits Gift austreten lassen
Foto: D. Mahsberg

Immunität ihrer Skorpionbeute so wirksam sind.

Unempfindlichkeit gegen arteigenes Gift erklärt dagegen die „folgenlosen" Stiche während des Paarungsvorspiels vieler Skorpione. Mit Waffeneinsatz hat dieses Verhalten nichts zu tun, sondern es trägt offenbar zum Erfolg der Hochzeit bei. Auch vom viel zitierten „Selbstmord der Skorpione", den wahrscheinlich der deutsche Arzt und Naturforscher PARACELSUS im 16. Jahrhundert erstmals erwähnte, kann keine Rede sein. Vom Skorpionbändiger mit einem Ring glühender Kohlen umgeben, schlägt der gestresste Skorpion wild mit dem Stachel um sich, wobei er sich manchmal auch selbst trifft. Den Garaus hat ihm dann aber nicht sein eigenes Gift gemacht, sondern ein Hitzschlag.

Woran erkennt man gefährlich giftige Skorpione?

„Die Großen sind harmlos, die Kleinen sind die Schlimmsten", stimmt so pauschal nicht, da es sehr giftige Skorpione mit über 10 cm Adultgröße wie *Androctonus* spp. und viele deutlich kleinere, harmlose Arten wie *Euscorpius* spp. gibt. Andererseits fangen auch große, gefährliche Arten einmal klein an. Auch helle Färbung ist nicht mit Gefährlichkeit korreliert; in allen Gattungen mit besonders giftigen Vertretern gibt es sowohl helle als auch dunkle bis schwarze Arten. Von Größe und Farbe eines Skorpions lässt sich also nicht zweifelsfrei ableiten, ob sein Stich fatale Folgen mit sich bringen kann.

Folgende Faustregel ist hilfreicher, wenn man ohne großen Bestimmungsaufwand einen Anhaltspunkt für die potenzielle Gefährlichkeit von Skorpionen sucht: Arten mit schlanken Scherenhänden, die nicht oder nur unwesentlich breiter sind als der Rest des Pedipalpus, können unabhängig von Größe und Färbung Arten aus der Familie Buthidae sein, zu der die überwiegende Zahl der gefährlichen Skorpione gehört (Ausnahme: *Hemiscorpius lepturus*). Bei diesen Arten ist außerdem der „Schwanz" (Metasoma) etwa so dick wie oder dicker, als die

Die im Verhältnis zum Metasoma besonders schmalen Pedipalpen weisen diesen *Androctonus bicolor aeneas* als gefährlich giftigen Skorpion aus

Foto: R. Lippe

Scherenhand breit ist (z. B. bei Dickschwanzskorpionen der Gattungen *Androctonus* und *Parabuthus*). Bei ungefährlichen Arten sind die breiten Scherenhände meist sehr viel mächtiger als das Metasoma – sie sehen fast wie Boxhandschuhe aus. Die Pedipalpen eines Kaiserskorpions (*Pandinus imperator*) machen etwa ein Drittel seiner Gesamtmasse aus und sind gut für die Verteidigung geeignet, da diese Skorpione am engen Höhleneingang den Stachel auch weniger effektiv einsetzen können. Bei der Wahl der Waffen entscheiden sich diese Skorpione aber nicht grundsätzlich gegen den Einsatz von „Chemie". So sind erwachsene Kaiserskorpione im Umgang mit

Wer so breite Scherenhände wie *Pandinus imperator* hat, ist trotz kräftigen Metasomas kaum gefährlich

Foto: M. Schmidt

dem Stachel sehr zurückhaltend, als Heranwachsende aber recht stechfreudig. Sollte einmal der Skorpionhalter betroffen sein, hat er nichts zu befürchten, da diese Stiche unter die „Bienenstichsymptomatik" fallen.

Trotzdem sollten in der Terraristik natürlich alle Skorpione als Gifttiere behandelt und entsprechend sicher untergebracht werden, zumal jeder Mensch unterschiedlich auf Toxine reagiert – auch an die Möglichkeit allergischer Reaktionen sollte gedacht werden.

Toxizität und Epidemiologie

Toxizitäten werden meist als LD_{50}-Werte angegeben, der experimentell ermittelten medianen Letaldosis Gift je Gewichtseinheit Versuchstier (meist die Labormaus). Vergleicht man die Toxizitäten medizinisch bedeutsamer und unbedeutsamer Skorpionarten, ergeben sich Unterschiede zwischen dem 10- und 10.000-Fachen (errechnet nach Angaben von SIMARD & WATT 1990).

Epidemiologische Erhebungen basieren in der Regel nur auf der Zahl ärztlich registrierter Patienten und vernachlässigen gerade die vermutlich für die Tropen und Subtropen hohe Dunkelziffer derer, die nach einem Stich komplikationsfrei blieben bzw. keine Gelegenheit zum Arztbesuch hatten. Obwohl in Qassim, einer Region in Saudi-Arabien, Skorpionstiche ein bedeutendes Problem im Gesundheitswesen darstellen und zwischen 1999 und 2003 etwa 6.500 Stichverletzungen registriert wurden, kam dadurch keine Person zu Tode (JAHAN et al. 2007). Bei weltweit jährlich 1,2 Millionen Stichverletzungen durch Skorpione liegt die Todesrate bei 0,27% (CHIPPAUX & GOYFFON 2008).

Trotzdem lässt sich nicht verleugnen, dass die Toxine einiger Skorpione auf den vorderen Plätzen tierischer Giftwirksamkeit rangieren (MEBS 2010). Stiche solcher Arten können für Menschen lebensbedrohlich sein. Besonders gefährdet sind Kinder, zu deren Lasten ein Großteil der registrierten Todesfälle geht (BAHLOUL et al. 2010). Gesunde Erwachsene sterben dagegen selten an einem Skorpionstich. Dass

Militärpersonal im bzw. nach Auslandseinsatz einem erhöhten Verletzungsrisiko durch Spinnenbisse bzw. Skorpionstiche ausgesetzt ist, zeigen SCHÄFER et al. (2010).

Symptomatik und Therapie von Skorpionstichen

KLEBER et al. (1999) stellen in einer Übersicht zu Vergiftungen durch Skorpionstiche alle relevanten Gattungen bzw. Arten unter Angabe ihrer geografischen Verbreitung sowie mit Hinweisen auf besondere Vergiftungssymptome vor. Danach ergeben sich vier Gefahrenklassen aufsteigend schwerer Symptomatik (für Details zur medizinischen Behandlung siehe KLEBER et al. (1999).

1. Gattungen, deren Stiche nur leichte, kurz anhaltende Schmerzen und keine systemischen Wirkungen verursachen („Bienenstichsymptomatik"):

Diplocentrus (Diplocentridae); *Euscorpius* (Euscorpiidae); *Hadogenes*, *Opisthacanthus* (Ischnuridae); *Heterometrus*, *Opistophthalmus*, *Pandinus*, *Scorpio* (Scorpionidae). Hierzu gehören viele der von Terrarianern gehaltenen Arten.

Empfohlene Therapie (wenn überhaupt nötig): äußerliche Wunddesinfektion; evtl. Auffrischung des Tetanus-Schutzes. Wegen seltener allergischer Reaktionen sei ärztliche Überwachung für 4–6 Stunden empfohlen.

2. Gattungen bzw. Arten, deren Stiche stark schmerzen, aber keine systemischen Wirkungen verursachen:

Buthus occitanus occitanus, *Compsobuthus*, *Lychas*, *Orthochirus*, *Mesobuthus gibbosus*, *Uroplectes* (Buthidae); *Hadrurus* (Iuridae); *Vaejovis* (Vaejovidae); *Urodacus* (Scorpionidae)

Empfohlene Therapie: siehe 1. Außerdem Schmerztherapie (Paracetamol bis Opiate; keine

Parabuthus transvaalicus
(Buthidae)
Foto: D. Mahsberg

adrenergen Substanzen, da diese die Toxineffekte verstärken können); evtl. Antihistaminika.

3. Gattungen bzw. Arten, deren Stiche starke Schmerzen und kardiovaskuläre Symptomatik hervorrufen können:

Solche Vergiftungen kündigen sich oft durch Speichel- und Tränenfluss, starke Schleimabsonderung sowie Übelkeit an und können in rasenden, unregelmäßigen Puls, schwankenden Blutdruck, hohes Fieber bzw. Untertemperatur und weitere schwere Krankheitsbilder bis zum hypoglykämischen Schock überleiten.

Buthus spp., u. a. *B. tunetanus*, *Mesobuthus tamulus* (Buthidae); *Bothriurus* sp. (Bothriuridae)

Empfohlene Therapie: siehe 1. und 2. Außerdem längere klinische Beobachtung und Behandlung der Herz-Kreislauf-Symptome. Atropin zurückhaltend einsetzen. In Indien ging die Todesfallrate nach Stichen von *Mesobuthus tamulus* von bis über 40 % auf unter 1 % zu-

rück, seitdem für die Behandlung ein den Blutdruck senkendes Medikament verabreicht wird, ein α-Blocker (GUPTA et al. 2010).

4. Stiche mit kardialer und zentralnervöser Symptomatik:

Neben lebensbedrohlichen Herz-Kreislauf-Symptomen können zentralnervös bedingte Krampfanfälle sowie periphere Lähmungen und Muskelzuckungen ausgelöst werden. Schwerwiegend sind Herzinfarktsymptome sowie Lungenödem; Gefahr von Atemstillstand.

Androctonus spp., *Buthacus arenicola*, *Centruroides* spp. (außer *C. vittatus*), *Hottentotta franzwerneri*, *H. judaicus*, *Leiurus quinquestriatus*, *Parabuthus* spp., *Tityus* spp. (s. a. SEITER 2011) (Buthidae); *Hemiscorpius lepturus* (Scorpionidae); *Nebo hierichonticus* (Diplocentridae; schwere Gerinnungsstörungen möglich).

Empfohlene Therapie: siehe 1. bis 3. Bei Lungenödem nach Blutdruckstabilisierung Intubation mit Beatmung. Antiserumgabe (intravenös) nur, wenn nach Stichen von *Tityus* spp. und *Centruroides* spp. zentralnervöse Symptome auftreten!

Opfer schwerer Vergiftungen durch Skorpionstich sind in jedem Fall noch mindestens 12–24 Stunden nach Abklingen der Symptome unter Beobachtung zu halten, da auf eine scheinbare Erholung ernste Rückfälle folgen können. Mancher Leser wird sich wundern, dass die Gabe von Antiseren (s. a. STRIFFLER 2011e) nur in streng indizierten Ausnahmefällen bei Arten der neuweltlichen Gattungen *Tityus* und *Centruroides* empfohlen wird. MÜLLER (1993) rät auch bei Stichen des südafrikanischen *Parabuthus granulosus* zur Serumgabe, wenn systemische Vergiftungserscheinungen auftreten. Doch gehen die Meinungen über die Wirkung einer Serumtherapie bei Skorpionstichen sehr auseinander. Die in manchen klinischen Studien beschriebene mangelnde Wirksamkeit kann an Qualitätsunterschieden, aber auch am falschen Umgang mit Antiseren gelegen haben, die kühl gelagert und schnell eingesetzt werden müssen (ARYA 2000). Nach AB-ROUG et al. (2011) beschleunigt nach Stichen von Neuweltskorpionen die Serumtherapie den Genesungsprozess.

Die generell positive Wirkung polyvalenter Seren bei Herz-Kreislauf-Symptomatik scheint umstritten und einer medikamentösen Behandlung nicht überlegen zu sein (KLEBER et al. 1999). Antiseren sind keinesfalls Allheilmittel, die man nur aus dem Kühlschrank zu holen und „einfach zu spritzen" braucht. Sie dürfen nur unter ärztlicher Kontrolle verabreicht werden, da sie sonst großen Schaden anrichten können. Die Folgen eines Serumschocks werden in den meisten Fällen viel schlimmer sein als der Skorpionstich.

Erste Hilfe nach Skorpionstichen – und was man besser vorher tun sollte

Wie nach dem Biss von Giftschlangen ist auch bei Skorpionstichen eine besonnene Erste Hilfe äußerst wichtig, die dem Verletzten die Angst nimmt und ihn vor Schock bewahrt. Daher sind auch hier Erstmaßnahmen wie bei sonstigen Unfällen angebracht. Auch sollten sich alle Beteiligten die Tatsache vor Augen führen, dass ein Skorpionstich kein Todesurteil ist, sondern meist komplikationsfrei bleibt. Meist ist an der Einstichstelle kaum etwas zu sehen; auch Schwellungen treten selten auf. Außer externer Säuberung mit Alkohol sollte jegliche Manipulation an der Stichstelle wie Schneiden, Brennen, Aussaugen usw. unterbleiben. BRAUNWAL-DER & TSCHUDIN (1997) empfehlen als wirksame Therapie, die Stichstelle mit 45 °C warmem Wasser zu begießen, bis die Schmerzen verschwinden (Vorsicht vor Verbrühungen!). Betroffene Extremitäten sollten durch Schienung ruhig gestellt werden. Wer sich die „Schwanz-Scheren-Faustregel" zur Erkennung potenziell gefährlicher Skorpionarten gemerkt hat (siehe Kapitel „Woran erkennt man gefährlich giftige Skorpione?"), wird leichter entscheiden können, ob Komplikationen zu erwarten sind und besser ein Arzt aufgesucht werden sollte oder ob der Stich vermutlich folgenlos bleiben wird.

Wurde man in der Natur von einem Skorpion gestochen und konnte man den Täter nicht identifizieren (zumindest auf Familienniveau), sollte man weitere Maßnahmen auch von der geografischen Region abhängig machen, in der man sich befindet. Skorpionstiche vor allem in Nord- und Südafrika, den westlichen USA sowie in Mittel- und Südamerika könnten von hochgiftigen Arten stammen und medizinischer Betreuung bedürfen.

Wer von seinem „Haustier" gestochen wird, sollte daher auch unbedingt wissen, welche Art er eigentlich pflegt und wo sie ursprünglich beheimatet ist. Auf Händlerinformationen sollte man sich dabei keineswegs verlassen. Wenn sich ein harmloser „Thailändischer Waldskorpion" plötzlich als hochgiftiger *Mesobuthus tamulus* entpuppt, kann es im Unglücksfall fatal werden (SCHIEJOK 1998a). Für den Terrarianer heißt dies, seine Terrarien von Anfang an klar zu beschriften, wobei eindeutige Angaben wichtig sind. Deutsche Namen sind oft willkürlich gewählt und existieren für die meisten

Arten nicht. Zur Beschriftung gehören der wissenschaftliche Art- bzw. Unterartname (oder wenigstens die Gattung), die Familie sowie der Hinweis auf den Fundort bzw. das natürliche Verbreitungsgebiet der Art. Wenn man sich bei der Identifikation nicht sicher ist, sollte man lieber einen Fachmann fragen.

Weiter kann eine Angabe der relevanten „Stichgefahrenklasse" nach KLEBER et al. (1999) im Ernstfall sehr hilfreich sein. Wer gefährliche Skorpione pflegt, sollte ohnehin eine Kopie dieses Artikels für einen eventuell nötigen Arztbesuch bereithalten. Ein Hinweisschild, dem man natürlich weitere Daten zu Alter, Geschlecht usw. zufügen kann, könnte z. B. so aussehen:

> **Buthus tunetanus (Fam. Buthidae).**
> Adultes Weibchen. Gefangen am 08.10.2010 bei Gafsa/Süd-Tunesien.
> Vorsicht! Stiche können starke Schmerzen und kardiovaskuläre Symptomatik hervorrufen!
> Hausarzt bzw. nächstes Krankenhaus:
> Giftnotrufzentrale München: Tel. 089/19240

Andererseits kann durch eine Beschriftung Panik verhindert werden, weshalb man auch die Terrarien harmloser Arten mit einer Information versehen sollte, z. B.:

> **Kaiserskorpion (Pandinus imperator),**
> **Fam. Scorpionidae. WA II.**
> 1 adultes Weibchen (gekauft Nov. 2010), 8 Jungtiere (Nachzucht vom 5.1.2012).
> Tiere angemeldet beim Landratsamt Würzburg.
> Ursprungsland: Togo/Westafrika
> Stiche verursachen nur leichte, kurz anhaltende Schmerzen und keine systemischen Wirkungen („Bienenstichsymptomatik").

In jedem Fall sind solche Mitteilungen sinnvoller als Horror- oder Scherz-Plakate an Terrarium oder Tür. Man stelle sich den Polizisten oder Feuerwehrmann vor, der beim Einsatz

Dieser drohende *Buthus* sp. aus Libyen wird bei der geringsten Störung zustechen
Foto: K. E. Linsenmair

vor Ort plötzlich mit solchen „Informationen" konfrontiert wird und ein Sicherheitsrisiko annehmen muss! Das kann teuer werden ...

Eine Offenlegung der potenziellen Gefahren, die Stiche von Skorpionen verursachen können, hat nichts mit „Gifttierprahlerei" zu tun, sollte andererseits aber auch nicht dazu führen, dass man Haltung und Pflege solcher Tiere prinzipiell ablehnt oder verbietet. Vergleicht man das Gefahrenpotenzial von Skorpionen mit dem von Autos, müssten unsere Straßen schon alle Fußgängerzonen sein ...

Folgende Notruf-Adresse für Giftunfälle sollten alle Halter giftiger Tieren bereithalten:

Giftnotrufzentrale der Toxikologischen Abteilung

Medizinische Klinik II der TU München
Klinikum Rechts der Isar
Ismaninger Straße 22
Giftnotruf Tel. 089/19240
Internet: www.toxinfo.org

Skorpione im Terrarium

„Wer ein Tier hält, betreut oder zu betreuen hat", muss es nach §2 des Tierschutzgesetzes (TierSchG) „seiner Art und seinen Bedürfnissen entsprechend angemessen ernähren, pflegen und verhaltensgerecht unterbringen". Er „darf die Möglichkeit des Tieres zu artgemäßer Bewegung nicht so einschränken, dass ihm Schmerzen oder vermeidbare Leiden oder Schäden zugefügt werden." Außerdem muss der Tierhalter „über die für eine angemessene Ernährung, Pflege und verhaltensgerechte Unterbringung des Tieres erforderlichen Kenntnisse und Fähigkeiten verfügen". Für den herpetologisch interessierten Terrarianer gibt es als Orientierungshilfe ein Sachverständigengutachten über die „Mindestanforderungen an die Haltung von Reptilien" (abrufbar von der Homepage der DGHT). Außerdem kann der Frosch- oder Schlangenhalter seine Kenntnisse prüfen lassen und so seine Sachkunde nachweisen. Was artgerechte Haltung von Wirbellosen ist, lässt

der Interpretation dagegen großen Spielraum. Hier sind Privatpersonen, Händler und Behörden auf die Fachliteratur sowie auf die Angaben seriöser Halter angewiesen. Auch gibt es (noch) keine Möglichkeit, einen Sachkundenachweis Wirbellosenhaltung zu erbringen, was letztlich auch dem Nachzuchtgedanken förderlich wäre. LÖSER (1991) zitiert in seiner Anleitung zur Haltung und Zucht exotischer Arthropoden den Klassiker zur Insektenzucht von WYNIGER (1974). Er fügt dessen Forderungen nach regelmäßiger Fütterung, Reinhaltung und Kontrolle die Nachzucht als vornehmliches Ziel bei der Haltung tropischer Gliederfüßer an.

Ob es einem Skorpion gut geht, lässt sich nur indirekt feststellen. Wenn ein Tier dauernd an den Behälterseiten entlangläuft und sich in den Ecken auf dem Metasoma hochstellt, ist die Unterkunft vielleicht zu klein, das Mikroklima „passt nicht" und/oder es fehlt am geeigneten Versteck. Andererseits sind Beutefang und Fortpflanzungsaktivität oder die Geburt nachgezüchteten Nachwuchses gute Indizien für eine richtige und artgerechte Unterbringung eines wirbellosen Tieres.

Skorpione haben sich in der Natur vielen verschiedenen Lebensbedingungen angepasst. Die Ausbreitungsfreudigkeit mancher Arten zeigt auch, dass sie flexibel auf neue Verhältnisse reagieren können. Wo karge Bedingungen andere Tiere längst umgebracht hätten, werden viele Skorpione noch gut überleben können. Dies heißt aber nicht, dass man bei der Pflege

Der Fachhandel bietet komplette Terrariensets an, die sich auch für die Haltung von Skorpionen eignen
Foto: K. Kunz

von Skorpionen ihre Bedürfnisse ignorieren könnte und darauf hoffen dürfte, dass sie schon „irgendwie durchkommen" werden. Terrarien werden immer nur angenähert naturnahe Bedingungen bieten können. Andererseits ist es für eine artgerechte Haltung auch nicht nötig (und möglich), die Natur komplett ins Haus zu holen. Es mag dem Halter zwar gut gefallen, wenn sein Pflegling im Wohnzimmer in einer nachmodellierten Wüstenlandschaft oder in einem Urwaldversteck sitzt – Sahara oder Amazonasdschungel sind es trotzdem nicht. Terrarien können nur bestimmte Ausschnitte der abiotischen (unbelebten) und biotischen (belebten) Umwelt einer Art wiedergeben. Der in der Natur so prägende Einfluss von Räubern und Parasiten wird im künstlichen Milieu sogar bewusst ausgeschaltet. Berücksichtigt man die Ansprüche von Skorpionen an ein geeignetes Versteck sowie an das Mikroklima, sind viele Arten auch in optisch weniger perfekt gestalteten Terrarien gut und lange zu pflegen und zu züchten. Zu Anschaffung und Pflege von Skorpionen siehe z. B. STRIFFLER (2007), SCHIEJOK (1998b), TIETZ & STÜRTZ (2008).

Geeignete Terrarien

Wegen ihrer Sesshaftigkeit lassen sich viele Skorpionarten auch in kleineren Behältern artgerecht halten. Zu große Terrarien mit unübersichtlicher Einrichtung erschweren sogar die Kontrolle und können auch Gefahren mit sich bringen, wenn der Pfleger bei der Suche nach seinem Pflegling erst größere „Landschaftsbewegungen" vollbringen muss.

Viele der einzelgängerischen Arten, die man außerhalb der Fortpflanzungszeit getrennt pflegen muss, lassen sich in den im Zoofachhandel erhältlichen Kleinterrarien aus Kunststoff oder Glas halten, beide natürlich mit Deckel. Sehr kleine Arten oder Jungtiere kann man auch in Grillenschachteln und in den im Haushalt gebräuchlichen Plastikdosen unterbringen, wo sie außerdem leichter ans Futter kommen. Kleinterrarien müssen aber oft

Durch Aufkleben von beispielsweise Styroporstrukturen, die dann später mit Lehm, gefärbtem Fliesenkleber o. Ä. überzogen werden, lassen sich attraktive Rück- und Seitenwände schaffen, die überdies den Aktionsradius der Skorpione erweitern

Foto: K. Kunz

kontrolliert werden, da sie mikroklimatisch instabil sind und z. B. rasch austrocknen.

Geklebte Aquarien sind für die Skorpionhaltung gut geeignet, in vielen Größen verfügbar und leicht zu modifizieren. Man kann in einem großen Becken durch eingeklebte Glas- bzw. Gazewände mehreren Skorpionen Einzelbehausungen schaffen, die von einer gemeinsamen Heizung und Beleuchtung versorgt werden. Trotz der für Skorpione unerklimmbar glatten Glaswände müssen auch Glasterrarien geschlossen sein, da selbst die schweren Kaiserskorpione es immer wieder schaffen, an rauen Stellen der Silikon-Klebenähte hochzuklettern! Handelt es sich bei einem trotz aller Vorsichtsmaßnahmen doch einmal ausgebrochenen Skorpion um eine hygrophile (feuchtigkeitsliebende) Art, kann man ihn u. U. durch feuchte Putzlumpen ködern, die man im Raum verteilt. Am besten lässt man es aber nicht zu solchen Spaziergängen kommen!

Vor der Anschaffung eines Skorpions sollte man sich über folgende Punkte Klarheit verschaffen, um die Behältermaße richtig zu wählen.

1. Die Größe der Tiere. Welche Art möchte ich pflegen und wie groß wird sie? Für einen einzelnen großen Kaiserskorpion sollte man mindestens die einem DIN-A3-Blatt entsprechende Grundfläche (ca. 30 × 40 cm) einplanen. Behälter für grabende Bodenbewohner sollten so hoch sein, dass man genug Bodenschicht zum Eingraben unterbringen kann. Skorpione, die sich in einer Behälterecke auf dem „Schwanz" abstützen, können mit den Scheren u. U. den Deckel erreichen und aufdrücken. Dann war der Behälter zu niedrig gewählt.

2. Temperament und Lebensweise. Grabende Ansitzjäger benötigen weniger Fläche als die aktiveren Rindenskorpione, die nachts auf Beutefang umherstreifen. Skorpione, die gerne klettern und sich auch auf Bäumen verstecken (viele Buthiden), sind in einem höheren Terrarium besser untergebracht. Beim Öffnen des Deckels muss man immer damit rechnen, dass solche Arten auch an der Gaze sitzen und dann schnell entweichen können.

3. Die Bewohnerzahl. Wegen kannibalischer Neigungen wird man die meisten Skorpione besser einzeln halten und nur zur Verpaarung zusammensetzen. Entschließt man sich zu einer Vergesellschaftung, muss das Terrarium deutlich größer gewählt werden, da jedes Tier genügend Ausweich- und Versteckplatz benötigt (LIPPE 1998). Füttert man dann noch ausreichend, kann man auch Gruppen von 4–5 Tieren auf 30 × 30 oder 30 × 50 cm Grundfläche halten. Zu starke Größenunterschiede zwischen den Skorpionen sollte man trotzdem vermeiden, da kleinere Tiere als Beute prädestiniert sind. Subsoziale Arten wie *Pandinus imperator* kann man dagegen Monate, ja Jahre in Mutter-Jungtier-Gruppen pflegen, wobei man einer Familie (ohne Vatertier, das man besser entfernt) ein Terrarium von mindestens 80 × 40 × 40 cm zur Verfügung stellen sollte. Aber auch bei so „friedlichen" Arten kann es zu ernsthaften Auseinandersetzungen kommen, wenn fremde, unbekannte Individuen dazugesetzt werden.

Skorpionterrarien sollten von oben zu öffnen sein. Durch die für große Vogelspinnen gut geeigneten Glasbehälter mit seitlichen Schiebescheiben können kleinere Skorpione entkommen. Auf eine nachträglich eingeklebte Dichtung verlasse man sich nicht!

Deckel müssen fest aufsitzen und dürfen nicht durch Gegenstoßen herunterfallen. Am besten tackert man auf einen stabilen Holzrahmen nicht rostende Metall-Fliegengaze. Kunststoffgaze wird mit der Zeit mürbe, bricht und ist z. B. für große Grillen keineswegs unüberwindlich, da sie diese durchbeißen können. Bei gefährlich giftigen Skorpionen muss das Terrarium abschließbar sein. Außerdem muss der Raum für Unbefugte unzugänglich bleiben. Den Türschlüssel dann aber nicht stecken lassen, besonders wenn Kinder im Haus sind!

Terrarien sollten wenigstens zwei Lüftungsflächen besitzen. Durch ein Lüftungsgitter unten an der Vorderseite wird Kondenswasserbildung an der Frontscheibe verhindert. Dies ist besonders bei Feucht- und Regenwaldterrarien wichtig, deren Sichtscheiben sonst leicht beschlagen. Lüftungsflächen kann man aber auch seitlich oder in der Rückwand anbringen. Im Deckel sollte sich immer eine Gazeöffnung befinden, die eine Luftzirkulation gewährleistet und gefährliche Stickluft erst gar nicht entstehen lässt. Durch die Größe von Lüftungsflächen, die man z. B. durch eingebaute Schieber flexibel gestalten kann, lässt sich die relative Luftfeuchtigkeit in einem Skorpionterrarium beeinflussen. Bei Wüstenarten wird man für schnelle Abtrocknung und bei Waldarten für ein länger feuchtes Milieu sorgen.

Substrat und Inneneinrichtung

Behälter für nicht grabende Arten beschickt man mit einer ausreichend hohen Substratschicht (z. B. 2–5 cm Sand). Für die meisten aus Wüsten und Trockengebieten stammenden Skorpione eignet sich mittelgrober, nicht scharfkantiger Sand, der ausgewaschen (entstaubt) sein muss. Setzt man dem Sand etwas lehmigen oder tonigen Boden bei und hält das Substrat leicht feucht, stürzen selbst gegrabene Verstecke nicht so leicht ein. Der feuchte Boden darf den Skorpionen aber nicht die Füße verkleben. Ungeeignet sind Vogelsand und feiner Quarzsand. Wie erwähnt benötigen Sandspezialisten staubfreien Feinsand, z. B. Dünensand von der Meeresküste.

Für Bewohner tropischer Wälder bedeckt man das Bodenmaterial je zur Hälfte mit tro-

Blick in ein Terrarium für Waldbewohner
Foto: K. Kunz

ckenem Laub und Moos oder mischt beides darunter. Einen Feuchtigkeitsgradienten kann man dadurch aufbauen, dass man durch einen auf dem Terrarienboden aufgeklebten Glasstreifen ein Feucht- von einem Trockenabteil abtrennt. Zusätzlich gibt man als Verstecke einige flache Tonschalen oder leichte Steinplatten ins Terrarium.

Zur Pflege von Arten, die sich Wohnhöhlen graben, muss eine ausreichend tiefe Bodenschicht eingebracht werden (z. B. 10 cm und mehr je nach Art und Größe der Tiere). Bei Tropenskorpionen eignet sich Gartenerde, der man Sand untermischt. Auch dieses Substrat kann man durch Lehmbeigabe stabilisieren. Den so entstandenen Bodengrund deckt man mit etwas Laub ab. Als alleiniges Substrat schlecht geeignet ist Torf, der leicht austrocknet, staubt und ohnehin besser im Moor bleiben sollte. Eine gute Alternative ist Kokosfaserhumus, der zu Trockenblöcken gepresst im Terrarienhandel erhältlich ist und beim Wässern aufquillt. Allerdings darf man auch dieses Substrat nie völlig austrocknen lassen.

Für *Pandinus*-Terrarien z. B. hat sich folgender Substrataufbau bewährt: Auf eine 2–3 cm hohe Schicht aus Blähtonkugeln legt man eine die ganze Bodenfläche bündig abdeckende Matte aus grünem Kunstrasen, den man als Meterware in Baumärkten erhält. Darauf wird das Erdsubstrat aufgebracht. Dieser Aufbau erlaubt, auch einmal einen Liter Wasser ins Terrarium gießen zu können, das im Blähton versickert und aufsteigende Bodenfeuchtigkeit garantiert. Spendet eine geregelte Heizmatte unter dem Terrarium noch milde Wärme, erreicht man feuchtwarme Bedingungen, die dem Mikroklima natürlicher Verstecke sehr nahe kommen. Die Tiere können sich so auch nicht zur vielleicht zu warmen Bodenheizung hinunterwühlen. Dass grabende Skorpione in kurzer Zeit ein Terrarium völlig „umbauen" können, muss man akzeptieren.

Bei der Gestaltung der Wände richtet man sich nach dem Lebensraum der Tiere. So kann man Rückwand und Seitenwände in Terrarien für Baumbewohner mit Kork bekleben. Kork hat den prinzipiellen Vorteil, dass er auch im feuchten Milieu nicht schimmelt. Bei der Auswahl des Korks bieten sich verschiedene Alternativen an. Sehr schön, aber auch entsprechend teuer sind die plangepressten, ansonsten naturbelassenen Korkeichenrindenstücke, die es in verschiedenen Größen zu kaufen gibt. Wesentlich billiger sind die hellen, etwa drei Millimeter starken Korktapeten. Ebenfalls gut geeignet ist dunkler Dachdeckerkork, der in verschiedenen Stärken von 1–5 cm erhältlich ist und aus dem man leicht eine „Landschaft" formen kann. Beim Kauf muss man unbedingt darauf achten, dass man den gepressten und nicht den für Tiere giftigen geklebten Kork erhält.

Für Felsbewohner lassen sich Rückwand und Seitenscheiben mit dünnen Natursteinplatten verkleiden. Man kann die Scheiben aber auch mit eingefärbtem „Moltofill" (für Außenanwendung) bestreichen und vor dem Aushärten mit Sand oder kleinen Steinchen bestreuen.

Da sich Skorpione gerne in enge Ritzen zwängen und viele Arten kräftig graben können, müssen alle Aufbauten einsturzsicher konstruiert sein.

Als Verstecke sind flache Steinplatten geeignet, die man auch übereinander stapeln und miteinander verkleben kann, außerdem halbierte Tontöpfe, Ziegelscherben, Zierkorkröhren, die Hohlräume dicker Bambushölzer, die man anbohrt, Holzstücke mit abstehender Rinde und Hohlräumen usw. Wenn man merkt, dass die Tiere die angebotenen Verstecke nicht annehmen und immer unruhig im Terrarium umherlaufen, oder dass nachtaktive Arten am Tag stets frei im Behälter sitzen, sollte man ihnen andere Versteckmöglichkeiten anbieten.

Immer vorhanden sein muss eine gefüllte Wasserschale, auch in einem Wüstenterrarium. Flache Petrischalen oder nicht rostende Verschlussdeckel sind besser als steile, glattwandige Gefäße, in denen kleinere Skorpione ertrinken können.

Pflanzen kann man im Skorpionterrarium durchaus unterbringen, nur werden die Lichtverhältnisse einem Pflanzenwachstum meist nicht förderlich sein. Für das Wohl von Skorpionen sind Pflanzen jedenfalls nicht nötig, es sei denn, man pflegt Bromelienbewohner. Gute Ideen zur Einrichtung von Skorpionterrarien liefern auch die Literatur zur Vogelspinnenhaltung (z. B. VON WIRTH 1996) oder das Pflanzenbuch von AKERET (2009).

Temperatur und Luftfeuchtigkeit

Für manche Menschen ist „Skorpion" gleichbedeutend mit „Wüstentier". Tatsächlich leben viele Skorpione in semiariden und ariden Gebieten und sind an die harten Bedingungen dieser Lebensräume gut angepasst. Es wäre jedoch völlig falsch, selbst solche Arten auf Dauer in einem hochgeheizten Sandkasten halten zu wollen. Sie würden dies zwar länger durchstehen als empfindlichere Arten, ihren verfrühten Tod würde es aber trotzdem bedeuten. Zu warme Haltung dürfte eine der häufigsten Todesursachen von Skorpionen im Terrarium sein. Behälter sollten überdies möglichst so aufgestellt werden, dass der geeignete Temperaturbereich auch kurzzeitig nicht ungewollt über- bzw. unterschritten wird. Dies kann leicht geschehen und fatal enden, wenn die Sonnenstrahlen auf ein Terrarium wandern oder wenn man im frostkalten Winter vergisst, ein Fenster zu schließen.

Extremen Oberflächentemperaturen (große Hitze, Frost) weichen Skorpione in der Natur normalerweise aus, indem sie sich in ihr Versteck zurückziehen. Durch Auf- bzw. Absteigen im Höhlengang können sie sich den optimalen Temperaturbereich heraussuchen. Von nur wenigen Arten sind experimentell ermittelte Vorzugstemperaturen bekannt. Sie bewegen sich zwischen 22 und 26 °C bei *Hottentotta judaicus*, *Leiurus quinquestriatus*, *Nebo hierichonticus* und *Scorpio maurus*, liegen nach anderen Untersuchungen bei *Heterometrus petersii* und *Opistophthalmus latimanus* mit 32–38 °C aber deutlich höher (WARBURG & POLIS 1990). Vorzugstemperaturen sind jedoch vom physiologischen Zustand eines Tieres abhängig, von Alter, Jahreszeit, Ernährungsstatus usw., weshalb solche Angaben kein Rezept für die richtige Haltungstemperatur sind. Im Terrarium bietet man Skorpionen am besten einen Temperaturgradienten an, der die Vorzugstemperatur einschließt. Verteilt man in dieser variablen Mini-Umwelt einige geeignete Verstecke, kann sich das Tier seinen Aufenthaltsort selbst wählen.

Es ist in jedem Fall wichtig, Temperaturen im Skorpionterrarium dort zu messen, wo sich die Tiere auch aufhalten (hierfür sind berührungslose Infrarot-Thermometer bestens geeignet). Wenn es in 10 cm Höhe an der Glasscheibe 30 °C hat, können unter einem Stein schon gefährliche 40 °C herrschen, wenn er durch einen Strahler erhitzt wird. Zwischen noch toleriertem und letaler Temperatur ist bei allen Skorpionen nur ein schmaler Übergang.

Die einfachste Art, ein Skorpionterrarium auf die „richtige" Temperatur zu bringen, ist seine Aufstellung in einem klimatisierten Raum (Klimakammer, Gewächshaus, Wintergarten usw.). Kleinflächige stärkere Erwärmung z. B. eines Versteckplatzes kann man leicht durch einen Spotstrahler erzielen. Unter solchen Haltungsbedingungen umgeht man die Probleme, die Terrarienheizungen gerade in kleinen Behältern mit sich bringen können. Innenverspiegelte Lampen mit konzentriertem Lichtkegel geben neben Licht auch oft viel Strahlungswärme ab. Für nicht grabende Arten in flachgründigen Terrarien sind z. B. Niedervolt-Halogenspots als Heizung und Beleuchtung ideal (STRIFFLER 2007; TIETZ & STÜRTZ 2008).

Seltener wird man in großen Terrarien und bei tiefem Substrat IR-Strahler (Elstein) einsetzen. Vorsicht geboten ist beim Einsatz von Bodenheizungen. Selbst leistungsschwache Heizkabel, im Bodengrund eingegraben, können kleinräumig hohe Temperaturen erzeugen.

Besser geeignet sind Heizmatten, wobei man jedoch eine ganzflächige Beheizung vermeiden sollte. Heizmatten gibt es in verschiedenen Wattstärken und Maßen. Für Kleinterrarien sind 5–15 Watt normalerweise ausreichend; letztlich kommt man um das Ausprobieren nicht herum, da die beim Tier ankommende Wärmemenge

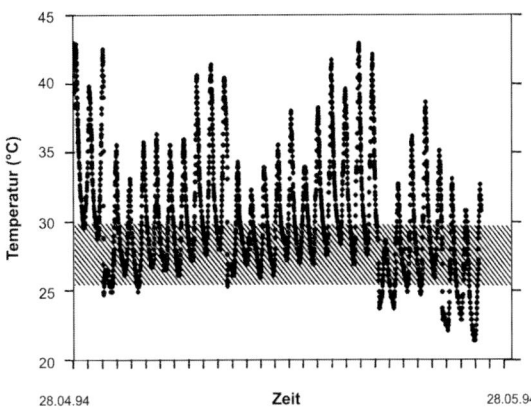

Lufttemperatur am Eingang einer Höhle von *Pandinus imperator* im Comoé-Nationalpark/Elfenbeinküste zu Beginn der Regenzeit. Schraffiert ist der Temperaturbereich im Inneren der Höhle, wo sich der Skorpion tagsüber meist aufhält. Messintervall 8 Sekunden, Messdauer 1 Monat

Grafik: D. Mahsberg

von Wandstärke und -material, vom Substrat und der Außentemperatur abhängt.

Da Skorpione bei zu großer Wärme instinktiv nach unten flüchten und sich unter ein Versteck zurückziehen oder eingraben, können unter dem Becken verlegte Bodenheizungen zur tödlichen Hitzefalle werden. Empfehlenswert ist daher, zwischen beheiztem Terrarienboden und Substrat eine „Isolierschicht" aus Blähton und einer Kunstrasenmatte einzuschalten (siehe „Substrat und Inneneinrichtung") oder die Heizmatte(n) nicht unter dem Behälter anzubringen, sondern sie an einer oder mehreren Seitenwänden hochzuziehen, was sich auch bei der Vogelspinnenhaltung bewährt hat (VON WIRTH 1996). Ein Probelauf des Terrariums über einige Tage ohne Bewohner ist daher wichtig.

Heizquellen sollte man nie ohne Regelung betreiben. Der Temperaturfühler des Thermostaten muss in einem Versteck angebracht und gegen Ausgraben, Verschieben usw. gesichert sein. Den früher üblichen Bimetallreglern sind elektronische Geräte wegen ihrer größeren Schaltgenauigkeit und geringeren Hysterese überlegen. Außerdem können keine Kontakte „verkleben", was leicht zu Überhitzung führt. Regler mit fester oder einstellbarer Nachtabsenkung, die über eine Fotozelle geschaltet wird, sind für alle Skorpione empfehlenswert, wobei eine Absenkung um 5 Grad ausreicht. Wärmer als 35 °C – und das auch nicht überall im Terrarium und keinesfalls permanent! – sollte man selbst Skorpione aus subtropischen Wüsten nicht halten, um ihnen Wärmestress zu ersparen. In diesen Regionen herrscht wie in den höheren Breiten Jahreszeitenklima, mit heißem Sommer und deutlich kühlerem Winter.

Tropische Arten wie *Pandinus imperator* leben unter dem Einfluss eines Tageszeitenklimas: Die absoluten Temperaturschwankungen im Tagesverlauf sind viel größer als die Schwankungen der Monatsmittel über das Jahr. In der Guinea-Savanne im Nordosten der Elfenbeinküste liegt die durchschnittliche Jahrestemperatur bei 25–28 °C, wobei sich die Tagesextremwerte in der Trockenzeit (November bis März) zwischen 8 und 42 °C sowie in der Regenzeit (April bis Oktober) zwischen 20 und 35 °C bewegen (unveröffentl. Klimadaten, Forschungsstation Universität Würzburg). Trotzdem bewohnt *P. imperator* dort eine mikroklimatisch recht konstante Umwelt, da seine Höhle Temperaturextreme dämpft. Im voll besonnten Eingangsbereich einer bewohnten *Pandinus*-Höhle in der Savanne traten z. B. von Ende April bis Ende Mai, zu Beginn der Regenzeit, tagsüber Spitzentemperaturen von bis zu 42 °C und Nachtminima bis 21 °C auf. Die Tagesamplituden der Temperatur betrugen je nach Bewölkung und Niederschlag zwischen fünf und 15 °C. Die mittlere Temperatur über diesen Zeitraum lag bei 29,9 ± 4,15 °C (30 Tage, 8 Minuten Messintervall). Im schattigeren Galeriewald betrugen zur gleichen Zeit Minimum und Maximum etwa 20 bzw. 30 °C, die mittlere Lufttemperatur wurde mit 26,0 ± 3,08 °C dokumentiert (48-Stunden-Messungen mit 10-Minuten-Messintervall). Die Temperaturen, die in verschiedenen *Pandinus*-Höhlen 5–20 cm tief im Gang gemessen wurden, bewegten sich ziemlich konstant zwischen 25

und knapp 30 °C. Entsprechende Temperaturen haben sich bei der jahrelangen Haltung und Nachzucht von Kaiserskorpionen gut bewährt und können als Anhaltspunkt für die Haltungsbedingungen anderer tropischer Arten herangezogen werden. In Lebensräumen mit Jahreszeitenklima kann es im Winter sehr kalt werden, was die Aktivität wechselwarmer Tiere stark einschränkt. In klaren Nächten in der Sahara oder Namib, in denen die Temperaturen in den Frostbereich fallen können, wird man keinen aktiven Skorpion finden. Einige Skorpionarten – z. B. die meisten europäischen, aber auch einige Arten aus dem Norden der USA, dem Süden Kanadas sowie aus Süd-Argentinien und Chile – überwintern in frostsicheren Verstecken. Allen Pfleglingen aus solchen Regionen sollte man für einige Wochen oder Monate eine Winterruhe bei deutlich abgesenkten Temperaturen gönnen (5–10 °C). Ideal sind z. B. kalte Nebenräume oder Garagen, wenn sie frostfrei bleiben (man kann z. B. einen elektrischen Frostwächter installieren, der beim Unterschreiten von 5 °C eine Heizung einschaltet). Bei Wüstenskorpionen sollte man während der Winterphase zumindest die Terrarienheizung abstellen und die Tiere bei niedriger Zimmertemperatur halten. Eine kühle Phase bei abgesenktem Stoffwechsel verlängert nicht nur die Lebensdauer der Tiere, sondern kann auch ein wichtiger Auslöser für die Fortpflanzungsaktivität sein.

Während der Überwinterung fressen Skorpione nicht. Man sollte auch nicht „zur Sicherheit" eine Grille oder andere lebende Insekten ins Winterquartier setzen, da sich die Beute an den trägen Skorpionen vergreifen könnte. Auch trinken überwinternde Skorpione normalerweise nicht, weshalb eine Wasserschale in dieser Zeit entbehrlich ist. Einem klammen Skorpion kann man Wasser auch über eine Pipette anbieten. Wichtig ist, die Behälter regelmäßig zu kontrollieren und gegebenenfalls leicht zu befeuchten, um die Tiere vor Austrocknung zu bewahren.

Während die Temperatur in einem Terrarium dank moderner Elektronik heute leicht zu kontrollieren ist, lässt sich die relative Luftfeuchtigkeit nur „über den Daumen peilen". Empfehlungen wie „Luftfeuchte 90–95 %" sind insofern illusorisch, als sich genaue Messungen in diesem Feuchtebereich mit vertretbarem finanziellen Aufwand nicht erzielen lassen. Die herkömmlichen Hygrometer (mechanisch oder elektronisch) versprechen hier jedenfalls mehr, als sie halten können. Außerdem sind derart genaue Feuchtemessungen auch überflüssig. An beschatteten Standorten herrscht auf der Bodenoberfläche der Feuchttropen das ganze Jahr über eine mittlere Luftfeuchtigkeit von etwa 90 %. Auch in der Trockenzeit der saisonalen Tropen wird es im geschützten Bodenversteck kaum weniger sein. Wer im Terrarium mit grabenden tropischen Arten den Boden nicht von unten her mit einer Bodenheizung austrocknet, sondern das Substrat milde erwärmt und leicht feucht hält, wird sich im für seine Tiere geeigneten Luftfeuchtebereich bewegen, was immer das Hygrometer auch anzeigt. Gelegentliches Besprühen des Behälters schadet nicht und ist z. B. vor einer Häutung sogar wichtig. Der „schwülheiße Dschungel" im Terrarium sollte aber nicht zum Dauerzustand werden. Es sei daran erinnert, dass eine Dauerfeuchte von über 80 % das Wachstum von Schimmelpilzen fördert, deren Sporen leicht Allergien auslösen.

Besonders bei Skorpionen arider Lebensräume ist zu feuchte Dauerhaltung gerade auch wegen der Gefahr von Pilzinfektionen gefährlich. Die Tiere müssen immer die Möglichkeit zum Rückzug auf trockene Stellen haben. Wasserverluste können solche Arten durch Trinken bzw. über die Beute ausgleichen.

Wer Skorpione pflegt, sollte die klimatischen Bedingungen ihrer Lebensräume kennen und diese bei der Simulierung von Jahreszeiten einbeziehen. Über die speziellen ökologischen, klimatischen und z. T. auch mikroklimatischen Verhältnisse der Tropen und Subtropen informieren z. B. SCHULTZ (1995) oder WALTER & BRECKLE (2004). Hilfreich sind auch Angaben aus der herpetologischen Terraristikliteratur.

Skorpione im rechten Licht betrachtet

Als ausgesprochen lichtscheue Gesellen könnte man Skorpione theoretisch den ganzen Tag lang ohne Beleuchtung halten. Da in der Natur Aktivitäts- und Ruhephasen an den natürlichen Lichtrhythmus angekoppelt sind, sollte man dies aber besser nicht tun. Als Zeitgeber hat eine Beleuchtung also durchaus Sinn, auch wenn der Skorpion scheinbar nichts damit „anfängt". An die Lichtqualität stellen Skorpione dagegen keine besonderen Ansprüche. Eine Beleuchtung mit normalen Glühlampen, Energiesparlampen oder Leuchtstoffröhren reicht aus. Lampen mit erhöhtem UV-Anteil im Spektrum, wie sie bei der Reptilienpflege eingesetzt werden, sind überflüssig, zumal sich Skorpione solchen Lichtquellen mit Sicherheit entziehen werden. Die Beleuchtungsdauer sollte man am Lichtwechsel im natürlichen Lebensraum der Tiere orientieren. In den Tropen beträgt die Tageslänge das ganze Jahr über etwa zwölf Stunden und in den nördlichsten und südlichsten Verbreitungsgebieten von Skorpionen im Sommer- bzw. Winterhalbjahr etwa 14–16 Stunden.

Wie kann man Skorpione trotz ihrer nächtlichen Lebensweise dennoch gut beobachten? Drei Möglichkeiten bieten sich an.

1. Man drosselt nachts die Helligkeit einer weißen Glühlampe mit einem handelsüblichen Dimmer so, dass man gerade noch gut sehen kann, die Tiere aber noch nicht ihr Versteck aufsuchen.

2. Im „Rotlichtmilieu" fühlen sich Skorpione ungestört, da sie wie Insekten rotblind sind. Man kann z. B. rot eingefärbte Glühlampen verwenden (Dimmen verlängert auch hier die Lebensdauer der Lampen). Bei einer Rotlichthelligkeit von 20–80 lux (gemessen auf Ebene des Skorpions) zeigten Buthiden in Verhaltensversuchen normale Aktivität.

3. Durch Einsatz einer Schwarzlichtlampe kann man die fluoreszierende Eigenschaft der Skorpioncuticula ausnutzen, die bei Anregung durch langwelliges UV-Licht (366 nm) die

Tiere gelbgrün aufleuchten lässt. Auch bei völliger Dunkelheit heben sich dann selbst schwarze Skorpione auf dunklem Untergrund kontrastreich ab. Geeignet sind kleine 8-Watt-Röhren (z. B. Silvania F8 T5/BLB), die man allerdings nicht näher als etwa 30 cm über den Tieren anbringen sollte. Noch schwächere UV-Röhren, meist schon im batteriebetriebenen Gehäuse, bekommt man z. B. beim Briefmarkensammlerbedarf. Schwarzlichtlampen darf man nicht die ganze Nacht einschalten, da sie die Skorpione dann doch stören. In das intensiv blaue Licht sollte man den Augen zuliebe nicht direkt schauen.

Elektrische Sicherheit

Da es die ideale Skorpionbehausung nicht zu kaufen gibt, wird der Terrarianer immer auf sein eigenes Bastelgeschick angewiesen sein bzw. käufliche Kleinterrarien modifizieren müssen. Zwar ist die Gestaltung eines Terrariums für Skorpione viel weniger aufwendig als z. B. für Chamäleons. Trotzdem sei hier ein wichtiges Wort zum Thema elektrischer Sicherheit gesagt: Feuchtigkeit und Strom sind strikt voneinander zu trennen bzw. machen die Verwendung für Feuchträume zugelassenen Installationsmaterials notwendig. Verbannen Sie Strom führende Teile am besten ganz aus dem Terrarium. Benutzen Sie nur elektrische Geräte, die das VDE-, GS- oder TÜV-Prüfzeichen tragen, und verändern Sie solche Geräte nicht selbstständig, da dies zum Versicherungsverlust führt und den Hersteller seiner Gewährleistungspflicht entbindet. Hitzestau durch unsachgemäß verlegte Heizungen kann nicht nur die Tiere umbringen, sondern auch zu Bränden führen, vor allem, wenn die Heizung ungeregelt betrieben wurde oder wenn mechanische Bimetallregler verwendet wurden. Vermeiden Sie Kabelsalat und überprüfen Sie Stecker und Steckdosen gelegentlich auf Korrosionsschäden, weil dadurch Kurzschlüsse verursacht werden können. Futtertiere wie Schaben oder Grillen können elektrische Leitungen, Temperaturfühler oder Heizkabel und -matten anna-

gen, weshalb man auch aus diesem Grund keine Vorratsfütterung betreiben sollte. Ausführliche Hinweise zu Fragen rund um das Terrarium finden sich z.B. in HENKEL & SCHMIDT (1997).

Geschlechtsunterschiede und Zucht

Androctonus australis, Kamm eines Weibchens
Foto: D. Mahsberg

Fast alle Skorpione sind getrenntgeschlechtlich (von wahrscheinlich obligat parthenogenetischen Arten wie *Tityus serrulatus* abgesehen). Zur externen Geschlechtsbestimmung kann man am achten Körpersegment (vor dem Kammansatz) die Genitalplatte (Operculum genitale) untersuchen, unter der die Geschlechtsöffnung liegt. Diese Platte besteht aus zwei Hälften, die bei Weibchen median miteinander verwachsen und bei Männchen getrennt voneinander sind. Hebt man eine Hälfte des männlichen Operculums z. B. mit einem Zahnstocher leicht an, erkennt man unterseits zwei zipfelförmige Genitalpapillen, die bei Weibchen (und bei den Männchen mancher Bothriuridae und Iuridae) fehlen. Dieses Unterscheidungsmerkmal ist bei lebenden Tieren allerdings wenig praktikabel. Hier fällt die Geschlechtszuordnung nicht immer leicht, vor allem, wenn man keine Vergleichsmöglichkeiten vor Augen hat. Viele Skorpione zeigen äußerliche Geschlechtsunterschiede (Sexualdimorphismen), die jedoch nie bei allen Arten gleichzeitig vorkommen (s. a. KRAPF 1988a; POLIS & SISSOM 1990, STRIFFLER 2011b).

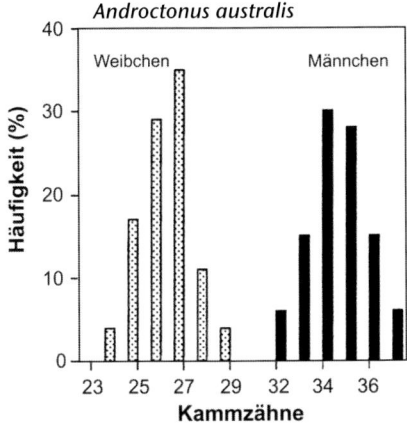

Zahl der Kammzähne (rechter Kamm) bei erwachsenen *Androctonus australis* im Geschlechtervergleich (35 Männchen, 47 Weibchen). Angegeben ist die prozentuale Häufigkeit von Skorpionen mit der entsprechenden Zahl an Kammzähnen.

Grafik: D. Mahsberg

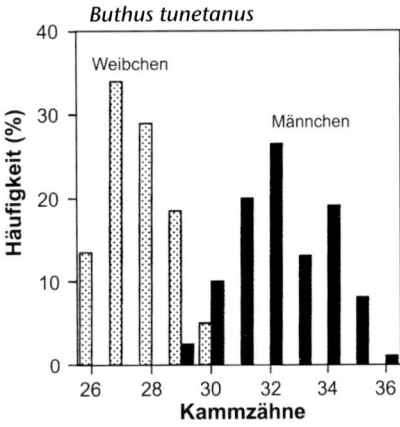

Zahl der Kammzähne (rechter Kamm) bei erwachsenen *Buthus tunetanus* im Geschlechtervergleich (83 Männchen, 59 Weibchen). Angegeben ist die prozentuale Häufigkeit von Skorpionen mit der entsprechenden Zahl an Kammzähnen.

Grafik: D. Mahsberg

1. Weibchen sind oft größer und schwerer als Männchen, da ihr Mesosoma für Embryonen Platz bieten muss. Zum Größenvergleich sind z. B. die Maße des Carapax geeignet.

2. Geschlechtsunterschiede betreffen häufig die Form von Körperstrukturen. Männchen sind oft deutlicher skulpturiert als Weibchen (Körnung und Kiele auf Carapax, Metasoma usw.). Bei den Männchen mancher Arten sind die Pedipalpen deutlich verlängert oder die Scherenhände länger und schmaler (z. B. bei *Isometrus*, manchen *Tityus*, *Heterometrus* und *Chactas*). Bei anderen sind die Scherenhände der Männchen breiter und kräftiger (z. B. bei *Buthus*, einigen *Tityus*, *Scorpio maurus*), während dies z. B. bei *Pandinus imperator* auf die Weibchen zutrifft. Finden sich dornförmige Fortsätze an der Basisaußenseite des beweglichen Scherenfingers, wird es sich sehr wahrscheinlich um ein Männchen handeln, das damit beim „Händchenhalten" während der Paarung seinen Griff sichert.

3. Das Metasoma kann verlängert sein wie z. B. bei manchen *Centruroides*, *Isometrus*, *Urodacus* und *Hadogenes*. Diesem Sexualdimorphismus verdankt das bis zu 21 cm lange Männchen von *Ha-*

dogenes troglodytes sein Attribut als längster Skorpion.

4. Während Weibchen meist ein rundlicheres und größeres Telson besitzen, ist das männlicher *Euscorpius* und *Anuroctonus* deutlich voluminöser. Bei Letzteren ist zudem die Stachelspitzenbasis blasig verdickt.

5. Da Kammorgane auch wichtige Aufgaben beim Sexualverhalten von Skorpionen haben, sind Geschlechtsunterschiede in der Ausbildung der Kämme häufig und teilweise schon vor der Adulthäutung zu erkennen (bei *Pandinus* z. B. schon im fünften Stadium, bei *Parabuthus* anhand der proximalen Medianlamelle schon an Exuvien von Jungtieren, WEHNER 2011). Unterschiede betreffen u. a. Zahl und Länge der Kammzähne. Bei Buthiden sind die Kämme der Männchen länger, da sie mehr Kammzähne tragen. Im Durchschnitt haben z. B. Männchen von *Buthus tunetanus* am (linken) Kamm 32,3 ± 1,57 Zähne (n = 83) und Weibchen 27,6 ± 1,08 (n = 59); bei *Androctonus australis* sind es 34,2 ± 1,48 (n = 35) bzw. 26,3 ± 1,25 (n = 47). Bei Skorpionen anderer Familien, z. B. den Scorpionidae, sind die Kämme in beiden Geschlechtern

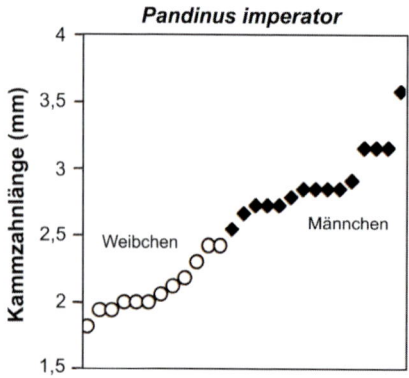

Pandinus imperator

Länge der Kammzähne (rechter Kamm) bei erwachsenen *Pandinus imperator* im Geschlechtervergleich (15 Männchen, 12 Weibchen). Von jedem Tier wurde bei 14facher Vergrößerung der 7. Kammzahn (von außen) am rechten Kamm vermessen, an dem auch alle Zähne gezählt wurden.

Grafik: D. Mahsberg

etwa gleich lang, da sich die Zahnzahlen nicht auffallend unterscheiden (bei größeren Stichproben und statistischer Auswertung lassen sich aber schon Unterschiede zeigen). Dafür sind bei Männchen die Kammzähne deutlich länger als bei Weibchen. Bei adulten *Pandinus imperator* z. B. sind die 14–17 Zähne der Männchen durchschnittlich 2,9 ± 0,25 mm lang (n = 15, wobei pro Tier der siebte Zahn des rechten Kammes vermessen wurde); die 14–16 Zähne der Weibchen sind 2,1 ± 0,19 mm lang (n = 12).

6. Deuten Außenmerkmale auf ein bestimmtes Geschlecht hin, kann geschlechtsspezifisches Verhalten weitere Argumente für eine Entscheidung liefern. Man hat z. B. sicher ein Männchen vor sich, wenn das Tier ein anderes an den Scheren ergreift und es wie beim Paarungsvorspiel hin und her zieht. Andererseits darf man die „Tanzpartnerin" deswegen nicht gleich für eine „Dame" halten, denn Skorpionmännchen wagen im Terrarium gelegentlich auch mit Geschlechtsgenossen ein Tänzchen. Männchen können auf Weibchenduft auch mit Körperzittern („juddering") reagieren.

Verpaarung und Jungenaufzucht

Besitzt man von einer Skorpionart zweifelsfrei ein Pärchen, kann man beide zur Verpaarung zusammensetzen. Gedämpftes Licht am Abend kann erfolgversprechend sein – schließlich beginnt zu dieser Zeit der „Skorpiontag". Allerdings müssen die Tiere geschlechtsreif und gut gefüttert sein, da aus der Hochzeit sonst ein Leichenschmaus werden kann. Auch aus diesem Grund sollte man für den Notfall mit zwei langen Pinzetten bereitstehen. Sehr attraktiv sind Weibchen kurz nach ihrer Adulthäutung, wo sie vermutlich besonders viel Sexuallockstoff produzieren. Mit der Verpaarung warte man aber bis zur völligen Aushärtung ihrer Cuticula, da die Scheren des zugreifenden Männchens sonst lebenslange Spuren an ihren noch „zarten Händen" zurücklassen können.

Paarungsverhalten läuft zwischen den Geschlechtern in vielen Fällen nur dann ab, wenn externe Faktoren eine Synchronisierung der Partner ermöglicht haben. Bei Tieren aus den gemäßigten Breiten hat sich die Einhaltung einer Winterruhe von 6–8 Wochen bewährt. Bei Skorpionen der wechselfeuchten Tropen sollte man für die Dauer der natürlichen Regenzeit häufiger sprühen. Die Paarung, die mit der Übertragung der Spermatophore endet, läuft nach dem unter „Brautschau und Hochzeit" beschriebenen Schema ab. Da sich das Weibchen anschließend zurückzieht und auf weitere Versuche seitens des Männchens recht heftig reagieren kann, sollte man beide schnell trennen. Ein befruchtetes Weibchen kann bis zur Geburt der Jungtiere oder sogar bis zu deren erster Häutung weitere Paarungen verweigern.

Ob eine Verpaarung erfolgreich war, lässt sich erst mit der Geburt der Jungen mit Sicherheit zeigen. Aber großer Appetit des Weibchens kann auf eine Trächtigkeit hindeuten, die je nach Art wenige Wochen bis mehrere Monate, ja sogar länger als ein Jahr dauern kann. Vielleicht sieht man gegen Ende der Tragzeit die Embryonen durch die Pleuren schimmern. Das Weibchen verteidigt

Lychas mucronatus
mit Jungen
Foto: K. Kunz

Zitterspinnen (*Pholcus phalangoides*) im Terrarium können jungen Skorpionen gefährlich werden
Foto: D. Mahsberg

Junger Kaiserskorpion (*Pandinus imperator*), der durch Geburtsprobleme seinen Stachel eingebüßt hat und Deformationen des Metasomas aufweist. Die Schädigung des Enddarms führte zu einem Stau an Exkretstoffen (die man durch die Bauchplatten schimmern sieht), was noch vor der zweiten Häutung zu seinem Tod führte.
Foto: D. Mahsberg

seine Wohnhöhle vehement gegen Eindringlinge und sollte spätestens jetzt ein „Einzelzimmer" bekommen. Weibchen können die Entwicklung ihrer Embryonen auch stoppen. Läuft die Embryogenese zu einem späteren Zeitpunkt wieder an, verstreicht eine sehr lange Wartezeit bis zur Geburt. So brachte ein *Pandinus*-Weibchen seine Jungen erst 1.064 Tage nach der Paarung zur Welt (MAHSBERG 2001)! Unter Bedingungen, die dem Weibchen eine geringe Überlebenschance seines Nachwuchses signalisieren, kann dieser resorbiert werden. Auch bei der Geburt kann es zu Problemen kommen. Ist es z. B. zu trocken, können sich Larven in Resten von Embryonalhüllen verwickeln, aus denen sie sich auch mit Hilfe der Mutter nicht befreien können. Es kommt zu Verwachsungen; Extremitäten oder Metasoma reißen ab usw. Solche Jungen, die keine große Überlebenschance haben, werden vom Weibchen oft aufgefressen, auch bei sozialen Arten (siehe „Skorpione – soziale Räuber?"). Ein geeignetes Versteck sowie ausreichende Feuchtigkeit sind für den glücklichen Ausgang einer Skorpionträchtigkeit daher sehr wichtig. Einen kleinen Skorpion von seinen Hüllenresten befreien zu müssen, ist schwierig und verlangt zwei spitze Pinzetten, eine Stereolupe und eine ruhige

Aufzuchtdosen für Jungtiere
Foto: K. Kunz

Hand. Zuvor müssen diese Reste aufgeweicht sein, wofür man das Tier etwa eine Stunde in eine geschlossene Petrischale auf feuchten Zellstoff setzt. Ein solcher „Brutkasten", allerdings mit einer Lüftung versehen und nicht zu feucht, ist auch für neugeborene Skorpione geeignet, die

Die Aufzucht von Jungtieren bereitet viel Freude; hier *Liocheles australasiae*
Foto: K. Kunz

man gleich nach der Geburt von der Mutter isoliert hat. Nach der ersten Häutung kann man sie dann in ein Terrarium überführen. Allerdings entgeht einem dadurch die interessante Brutpflegephase auf dem Rücken der Mutter.

Mit Ausnahme einiger weniger sozialer Skorpione (z. B. *Pandinus imperator, Heterometrus fulvipes*) sollte man kleine Skorpione nach ihrer ersten Häutung von der Mutter trennen, die sie sonst als Beutehappen betrachten könnte. Die Aufzucht erfolgt einzeln oder in kleinen Gruppen. Dabei ist stets darauf zu achten, dass genügend Futter und ausreichende Versteckmöglichkeiten wie rissiges Holz, zerklüftete Steine usw. vorhanden sind, da es unter den Geschwistern ansonsten zu Kannibalismus kommen kann. Gefüttert werden die Jungtiere zunächst mit Kleinstwirbellosen wie etwa Springschwänzen (Collembolen), Ofenfischchen (*Thermobia domestica*), verschieden großen *Drosophila*, frisch geschlüpften Heimchen und Grillen, Jungasseln oder gekeschertem Wiesenplankton. Oft nehmen sie auch tote, angedrückte Insekten oder davon abgeschnittene Stücke an.

Kritische Momente im Leben eines heranwachsenden Skorpions sind die Häutungen, die nur bei optimalem Mikroklima im Terrarium problemlos verlaufen. Wenn sich durch eine Häutung das „Gleichgewicht der Kräfte" verschiebt, kann es z. B. unter Buthiden, die man als Gruppe hält, zu Kannibalismus kommen. Eine Ausnahme sind auch hier die sozialen Arten, bei denen sich häutende Tiere selbst im dichten Geschwisterpulk ungefährdet sind. Da auch der giftigste Skorpion bei der Häutung völlig hilflos ist, müssen übrig gebliebene Futtertiere aus dem Terrarium entfernt werden.

Häutungen kündigen sich dadurch an, dass der Skorpion sehr dick wird (seine Masse hat sich seit der letzten Häutung eventuell verdoppelt), recht träge ist und sich in ein Versteck zurückzieht. Bei sehr langer Häutungsverzögerung fehlte womöglich der entsprechende Auslöser; bei Buthiden kann dann eine Temperaturerhöhung helfen.

Leider teilen Skorpionhalter nicht das Glück von Vogelspinnenzüchtern, die aus einem Gelege Hunderte von Spiderlingen nachziehen können. Eine Schwemme an Nachzuchttieren, wie man sie von einigen Vogelspinnenarten inzwischen gewohnt ist, wird es bei den eher nachwuchsschwachen und langsam wachsenden Skorpionen daher wohl kaum geben. Die mittlere Wurfgröße bei Skorpionen beträgt 25,0 ± 13,6 Junge (Polis & Sissom 1990). Extreme sind *Microtityus* mit sechs und manche *Centruroides* mit über 100 Jungen.

Umso mehr Mühe sollte sich der verantwortungsbewusste Pfleger von Skorpionen daher bei der Vermehrung seiner Tiere und der erfolgreichen Aufzucht der „Skorpionlinge" oder kurz „Skorplinge" geben.

Gleich packt er die Assel: *Euscorpius* (wahrscheinlich *sicanus*) aus Korsika
Foto: D. Mahsberg

Futter und Fütterung

Skorpione im Terrarium zu füttern ist insofern unproblematisch, als sie dank ihrer „Sparsamkeit" mit wenig Nahrung auskommen, nicht sonderlich wählerisch sind und alle möglichen Arthropoden fressen. Dass manche Arten in der Natur bevorzugt Spinnen und Skorpione jagen, hat ökologische Gründe und macht sie von diesen Beutearten nicht abhängig. Gleiches gilt für sehr große Skorpione, die auch Wirbeltiere überwältigen können. Man muss und sollte sie deswegen nicht mit Mäusen füttern. Dagegen gibt es durchaus Präferenzen für bestimmte Beutetypen. So können grabende Skorpionarten wie *Scorpio maurus* außerhalb ihres Verstecks auf eine herumschwirrende Schmeißfliege mit Panik reagieren, während Buthiden dabei in Jagdfieber geraten. Ein am Boden kriechender Käfer oder eine Assel, die beide nicht „viel Wind machen", sind für *Scorpio* genau das Richtige.

Als Terrarianer kann man auf leicht erhältliche Futtertiere zurückgreifen. Neben Grillen (*Gryllus* spp.) und Heimchen (*Acheta domesticus*) kommen z. B. Wanderheuschrecken (*Locusta migratoria*), Schaben (z. B. *Blatta lateralis*, *Periplaneta americana*, *Blaptica dubia*), Mehlkäfer (*Tenebrio molitor*) und Argentinische

Schwarzkäfer (*Zophobas morio*) samt ihren Larven, Stuben-, Gold- und Schmeißfliegen (*Musca*, *Lucilia*, *Calliphora*) sowie (flugunfähige) Fruchtfliegen (*Drosophila*) in Frage. Keller- und Mauerasseln findet man wie Spinnen und Regenwürmer leicht im Garten. Skorpione können zwar Beute überwältigen, die größer und schwerer ist als sie selbst; Jungtiere sollte man dadurch aber nicht unnötig in Gefahr bringen. Vorsicht ist auch geboten, wenn man Spinnen verfüttert. Unsere Hauswinkelspinne oder auch Zitterspinnen können kleinere Skorpione schnell kampfunfähig machen!

Meist wird es ausreichen, Futtertiere bei Bedarf im Zoohandel zu kaufen oder sie sich per Abonnement schicken zu lassen. Adressen von Anbietern findet man regelmäßig in Fachzeitschriften (z. B. REPTILIA, TERRARIA, DRACO, DATZ, Arthropoda). Futtertierzuchten für Skorpione lohnen sich nur bei größeren Tierbeständen und machen dann sicher mehr Arbeit als die eigentlichen Pfleglinge. Ein Vorteil dabei ist jedoch, dass man die Qualität des Futters unter Kontrolle hat und zumindest verhindern kann, dass krank machende Mikroorganismen oder Schadstoffe an die Terrarienbewohner weitergegeben werden.

Wie man Futtertiere züchtet, ist beispielsweise bei Friederich & Volland (2005) nachzulesen.

Während es z. B. für viele Reptilien unerlässlich ist, das Futter mit Mineralstoffen und

Vitaminen anzureichern, scheinen solche Nahrungszusätze nach bisherigem Wissen für das Wohlbefinden von Spinnentieren unerheblich zu sein; sie haben andererseits zumindest keine nachteiligen Folgen.

Während Skorpione in der Natur überwiegend mit knapper Kost auskommen müssen, leben sie im Terrarium selbst bei zurückhaltender Fütterung wie im Schlaraffenland. Freilandfänge sind jedenfalls meist leichter als Terrarienpfleglinge.

Den höheren Nahrungsbedarf heranwachsender bzw. trächtiger Skorpione sollte man durch häufigeres Füttern decken, wobei einmal pro Woche meist ausreichen wird. Der Pfleger kann das Wachstum seiner Tiere insofern beeinflussen, als zur Auslösung einer Häutung immer erst eine stadienspezifische Gewichtsschwelle erreicht sein muss. Erwachsene Skorpione kann man länger fasten lassen, ohne dass es ihnen schadet. Wie oft man dann letztlich füttert, hängt auch von Art und Größe der Beute ab und muss ausprobiert werden. Man sollte aber nie mehr Futtertiere anbieten, als bei einer Fütterung wirklich gefressen werden.

Viele Skorpione können ihren Wasserbedarf zwar über die Beute decken, trinken aber auch, wenn sie Gelegenheit dazu haben. Um Dehydrierung vorzubeugen, darf in keinem Skorpionterrarium eine flache Wasserschale fehlen, etwa eine Petrischale, ein Honigglasdeckel o. Ä. Ein Stück Schaum-

Skorpione als Schmuckwächter? Weder wirksam noch artgerecht!
Foto: D. Mahsberg

stoff oder etwas Zellstoff im Wasser verhindern, dass kleinere Tiere ertrinken. Außerdem reagieren manche „wasserscheuen" Arten sehr empfindlich auf Kontakt mit offenem Wasser und können Feuchtigkeit so vom Schaumstoff absaugen. Da flache Wasserschalen durch hineinhängende Ästchen, durch Moos usw. schnell leer gesaugt werden und den Bodengrund vernässen können, sollte man z. B. einen flachen Stein als Unterlage verwenden.

Haltungsfehler und Krankheiten

Schlechte Haltungsbedingungen können nicht nur bei Wirbeltieren zum Ausbruch von Krankheiten und letztlich zum Tod führen. Auch Gliederfüßer sind davon nicht ausgenommen, nur merkt man nicht so leicht, wenn es ihnen an etwas mangelt oder wenn sie krank sind. Wenn man sich aber nur etwas mit dem Verhalten und der Biologie von Skorpionen beschäftigt hat, wird man schnell erkennen, dass z. B. tropische Kaiserskorpione als „Schmuckwächter" im Juwelierschaufenster fehl am Platz sind: In gleißendem Spot-Licht auf trockenem Sand und ohne Versteck kann es ihnen nicht gut gehen.

Ein Indiz für Gesundheitsprobleme oder nahenden Alterstod eines Skorpions kann stetiger Gewichtsverlust sein. Die zunächst zu beobachtende Gewichtsabnahme nach einer Häutung dagegen ist ganz normal.

Da Skorpione oft als „Beifänge" in den Handel kommen und auf dem Transport wohl kaum versorgt werden, leiden viele unter Wassermangel. Wie Skorpione, die zu warm und zu trocken gehalten wurden, müssen sie zunächst getränkt werden. Stark ausgetrocknete Tiere, die abgemagert und mit eingekrümmten Beinen herumliegen, nicht oder kaum noch laufen oder die Pedipalpen unkoordiniert bewegen, haben kaum Überlebenschancen. Man kann solche Skorpione gelegentlich zum Trinken animieren und retten, indem man sie mit dem Vorderkörper so weit in das schräg gestellte Trinkgefäß setzt, dass der Mundbereich mit Wasser benetzt wird. Die Stigmen (Atemöffnungen) sollten dabei nicht untergetaucht werden.

Bei Skorpionen, die rund und wohlgenährt aussehen und nach einiger Zeit Lauf- und Greifprobleme bekommen, könnte eine Häutung überfällig sein. Wenn z. B. bei Buthiden zu kühle Bedingungen die Ursache waren, sollten sich solche Skorpione nach Erhöhung der Haltungstemperatur (z. B. auf 30 °C) bald häuten und dann wieder fit sein (siehe auch „Wachstum und Häutung").

In feuchtwarmen Skorpionterrarien treten leicht Milben auf, die sich überwiegend von organischem Abfall ernähren. Futterreste müssen daher regelmäßig entfernt werden. Starke Vermilbung der Skorpione kann den Tod der Tiere herbeiführen, wenn Milben z. B. in die Atemöffnungen eindringen. Auch hier ist Vorbeugung die beste Medizin. Vielleicht gelingt es auch, die Plagegeister mit einem trockenen oder mit Alkohol leicht angefeuchteten Pinsel abzustreifen. Sonstige Lösungsmittel oder Öl sind keinesfalls geeignet.

Bei Skorpionen wüstenartiger Lebensräume kann zu feuchte Haltung zu Pilzinfektionen führen. Braunschwarze Flecken an Bauch oder Metasoma oder schwarz werdende Gliedmaßen, die abzusterben drohen, deuten auf *Aspergillus*-Befall hin. Besonders kritisch ist eine Verpilzung der Atemorgane. Im Anfangsstadium kann eine antimykotische Salbe eventuell noch helfen, Antibiotika dagegen sind bei Pilzerkrankungen unwirksam.

Wichtig sind auch eine gründliche Reinigung des sporenkontaminierten Terrariums sowie vorübergehende trockene und warme Haltung des befallenen Skorpions in einem Isolierbecken, z. B. auf Zeitungspapier. Von Pilzinfektionen sind überwiegend geschwächte oder alte Tiere betroffen, deren cuticulare „chemische Keulen" nicht mehr funktionieren.

In vielen Fällen plötzlichen Skorpiontodes wird man zu keiner klaren Diagnose kommen. Ursache könnten Viren, Rickettsien und Bakterien gewesen sein, die innere Organe befallen und regelrecht auflösen können. Übertragen

Buthus occitanus beim Trinken in der Wasserschale. Man beachte die unnatürliche Pedipalpenhaltung des stark dehydrierten Skorpions.
Foto: D. Mahsberg

werden solche Erreger meist über das Futter. Wenn man in seiner Insektenzucht z. B. aufgedunsene Tiere findet, die sich rotviolett verfärben, absterben und schwarz werden, sollte man an eine mikrobielle Infektion denken, die für andere Arthropoden ansteckend sein kann. LÖSER (1991) empfiehlt, die geringere Temperaturtoleranz dieser Mikroben auszunutzen und die Haltungstemperatur der infizierten Pfleglinge zu verändern (bei Skorpionen dürfte meist eine Erwärmung am sinnvollsten sein).

Skorpionhalter sollten bei der Diagnose und Behandlung von Krankheiten besonders auf das Wissen der Vogelspinnenfreunde zurückgreifen (MANNS 2008; SCHNEIDER 2009), die vielleicht sogar auf einen im Umgang mit Arthropoden erfahrenen Tierarzt verweisen können.

Skorpione können sich auch gegenseitig so schwer verletzen, dass sie früher oder später daran eingehen. Männchen von *Heterometrus spinifer* attackieren einander mit ihren kräftigen Scherenhänden gelegentlich so, dass sie dem Gegner die Scherenfinger brechen, Gelenke zerdrücken oder Löcher in den Panzer stanzen. Dabei führen Verwundungen der Pedipalpen leicht zu einem Absterben der ganzen Extremität, was eine Amputation nötig machen kann. Hatte man solche Arten zuvor z. B. in einer Geschwistergruppe gehalten, ist es jetzt höchste Zeit, Brüder voneinander zu isolieren. Unverträgliche Arten sollte man wegen

Dieser männliche *Heterometrus spinifer* (Scorpionidae) ist nach dem Kampf mit einem Rivalen gestorben. Man beachte die Verletzungen an den Scherenhänden.
Foto: D. Mahsberg

solcher Risiken daher grundsätzlich nicht vergesellschaften.

Wenn man einen schwer kranken Skorpion töten muss, friert man ihn am besten für einige Tage in der Tiefkühltruhe ein. Zum Aufbewahren konserviert man Skorpione in 70- bis maximal 80%igem Ethanol oder Isopropanol. Bei Tieren über etwa 5 cm Gesamtlänge sollte man zum besseren Durchfixieren Alkohol auch injizieren. Hierzu führt man die Kanüle einer luftfrei aufgezogenen Einwegspritze in die Afteröffnung ein (weiche Haut am Ende des fünften Metasomarings) und drückt vorsichtig so lange Alkohol durch den Darm in den Körper, bis dieser sich leicht dehnt. Bei Skorpionen mit muskulösen Scheren sollte man auch durch die Gelenkmembran der Scherenhände etwas Alkohol spritzen. Für taxonomische Zwecke sind Skorpione grundsätzlich flüssig zu konservieren (zur Methode siehe SISSOM et al. 1990). Trocknen und Nadeln dagegen verändern externe und interne Strukturen. Außerdem können Schadinsekten getrocknete Skorpionmumien in kurzer Zeit zu Staub zerlegen.

Skorpione im Paragraphendschungel

Skorpione werden in vielen Zoofachgeschäften, auf Börsen und im Internet regelmäßig angeboten. Trotzdem sollte man sich solche Haustiere nicht „einfach zulegen". Denn uneinheitliche Rechtslagen sowie behördliche Ermessensspielräume können einem naiven Halter schnell Ärger bereiten, selbst wenn sein Skorpion keinen Schaden angerichtet hat und dazu vielleicht auch niemals in der Lage wäre. Ob Skorpione als gefährliche Gifttiere betrachtet werden und ihre Haltung daher genehmigungspflichtig wird, ist in Deutschland Ländersache. Daher sollte man sich bei der zuständigen Behörde über die geltenden Bestimmungen kundig machen. Eine Übersicht über die derzeit (Mai 2012) geltenden Regelungen bietet RÖSSEL (2011).

Die hobbymäßige, also nicht gewerbsmäßige Haltung eines gefährlichen Tieres einer wild lebenden Art ist in Hessen seit dem 9.10.2007 verboten (§ 43a HSOG). Eine Ausnahme kann erteilt bekommen, wer „ein berechtigtes Interesse an der Haltung nachweist." Vor dem Stichtag (nicht am Tag des Stichs ...) in Privathand gehaltene gefährliche Tiere haben Bestandsschutz. Auf der „Hessenliste" gefährlicher Tierarten stehen 18 Skorpiongattungen aus fünf Familien (Stand: 20.01.2009, abgerufen am 01.01.2011): *Androctonus, Buthacus, Buthotus, Buthus, Centruroides, Compsobuthus, Hottentotta, Leiurus, Lychas, Mesobuthus, Orthochirus, Parabuthus, Tityus, Uroplectes* (alles Buthidae) sowie *Bothriurus* (Bothriuridae), *Hemiscorpius* (Scorpionidae), *Nebo* (Diplocentridae) und *Vaejovis* (Vaejovidae). Ein Verstoß gegen das Verbot kann als Ordnungswidrigkeit mit einer Geldbuße geahndet werden, die Tiere werden dann auch eingezogen. Zur kontrovers diskutierten Gesetzgebung in Hessen siehe auch ZEH & RÖSSEL (2007). Regelungen gibt es auch in Berlin, Bremen, Niedersachsen, Sachsen-Anhalt und Thüringen, in anderen Ländern sind sie undurchsichtig oder nicht vorhanden. In Bayern gilt Art. 37 (Halten gefährlicher Tiere) des Landesstraf- und Verordnungsgesetzes (LStVG). Wer im Freistaat „ein gefährliches Tier einer wildlebenden Art oder einen Kampfhund halten will, bedarf der Erlaubnis der Gemeinde." Diese kann erteilt werden, „wenn der Antragsteller ein berechtigtes Interesse nachweist, gegen seine Zuverlässigkeit keine Bedenken bestehen und Gefahren für Leben,

Gesundheit, Eigentum oder Besitz nicht entgegenstehen." Auch kann die Vorlage einer besonderen Haftpflichtversicherung gefordert werden. Eine Gefährdung Dritter muss ausgeschlossen werden. Verursacht ein Tier einen Unfall, bei dem Menschen oder Sachen zu Schaden kommen, ist der Tierhalter schadensersatzpflichtig und kann bei Fahrlässigkeit sogar wegen fahrlässiger Körperverletzung bzw. Tötung belangt werden. Ein entkommener Skorpion, der zwar niemanden verletzt, aber die Öffentlichkeit beunruhigt, bis er wieder „zu Hause" ist, kann dem Halter wegen einer Ordnungswidrigkeit eine saftige Geldbuße bescheren. Da Verwaltungen oft überfordert sind zu beurteilen, ob ein Skorpion jetzt als gefährlich oder harmlos einzustufen ist, kann es durchaus vorkommen, dass einer Skorpionhaltung die Generalabsage erteilt wird, was bei den meisten Arten, z. B. bei *Pandinus imperator*, an der Realität vorbeigeht.

Manche der Verordnungen zur Haltung gefährlicher Tiere erscheinen jedenfalls nicht sehr durchdacht, da sie, wie im Falle der Skorpione, „giftig" mit „gefährlich" gleichsetzen.

Andererseits sind diese Bestimmungen geltendes Recht bzw. können nach dem Ermessen der zuständigen Behörde durchgesetzt werden. Wer also beabsichtigt, Skorpione im Terrarium zu pflegen, sollte sich schon vorher um die hierfür nötigen Genehmigungen kümmern und alles für eine sichere Unterbringung der Tiere tun. Verstöße kommen nicht nur den Halter teuer zu stehen, sondern werden zu einer zunehmend restriktiven Einstellung gegenüber jeder Art von Tierhaltung führen, die sich nicht mit „normalen Haustieren" befasst.

Skorpione und Artenschutz

In manchen Wüsten kann man zu bestimmten Zeiten fast auf jedem Quadratmeter einen Skorpion antreffen. In Brasilien kommt es immer wieder zu Masseninvasionen von *Tityus*-Arten (STRIFFLER 2011e). Die meisten Skorpionarten sind in der Natur nicht leicht zu finden, was aber auch an ihrer versteckten Lebensweise liegen mag. Insofern ist auch nicht einfach zu entscheiden, ob eine Art in ihrem Bestand bedrohlich abnimmt oder nicht. Skorpionpopulationen scheinen starkem Räuberdruck ausgesetzt zu sein und werden wohl auch immer wieder durch unvorhersehbare Katastrophen wie Überschwemmungen, Sandstürme, Feuer oder ungewöhnlich hohe bzw. niedere Temperaturen „ausgedünnt" (POLIS 1990). Es gibt Hinweise, dass mit zunehmendem Versteckangebot die Populationsdichte wieder ansteigen kann (*Centruroides exilicauda*; POLIS & YAMASHITA 1991).

Da langfristige und regelmäßige Kartierungen, auch von Mikrohabitaten, für kaum eine Skorpionart vorliegen, werden Veränderungen im Bestand vieler Arten zunächst unbemerkt bleiben. In der Schweiz, wo Matt Braunwalder das lokale Vorkommen von *Euscorpius italicus* und *E. germanus* seit Jahren verfolgt, muss man inzwischen von einer akuten Gefährdung beider Arten ausgehen (BRAUNWALDER & TSCHUDIN 1997). Österreich führt *E. germanus* und *E. carpathicus* schon in der „Roten Liste gefährdeter Arten", in Tirol und in der Steiermark stehen Skorpione unter Naturschutz. Verbuschung, land- und forstwirtschaftliche Maßnahmen, verstärkte Bautätigkeit sowie das Abtragen spaltenreicher Mauern und die „Bekämpfung" in Häusern nehmen diesen harmlosen Skorpionen immer mehr Lebensmöglichkeiten. Im tropischen Südamerika gehören Regenwaldrefugien zu den „hot spots" globaler Artenvielfalt. Sie zeichnen sich auch durch eine große Zahl endemischer, d. h. nur dort vorkommender Skorpionarten aus, was LOURENÇO (2001) als zusätzliches Argument für die Ausweisung von Schutzgebieten empfiehlt.

In Südafrika bedroht Landverbrauch die oft kleinräumigen Vorkommen von Habitatspezialisten der Gattungen *Opistophthalmus* und *Hadogenes*; außerdem werden etliche für die Terrarienhaltung eigentlich ungeeignete Arten für kommerzielle Zwecke gesammelt (LEEMING 2003). In Südostasien werden Skorpione wie *Heterometrus* und *Lychas* in großer Menge für den täglichen Speiseplan oder als Snacks gefangen. Welchen Effekt menschliche Eingriffe auf die

Populationsdynamik von Skorpionen haben, ist durch wissenschaftliche Untersuchungen bisher nicht belegt. Andererseits lassen sich für besonders „genutzte" Arten Risiken abschätzen.

Aufgrund dessen unterliegen drei Arten der Scorpioniden-Gattung *Pandinus* (*P. imperator*, *P. dictator* und *P. gambiensis*) seit dem 16.2.1995 Anhang II des Übereinkommens über den internationalen Handel mit gefährdeten Arten freilebender Tiere und Pflanzen (WA, engl. CITES) und der Artenschutzverordnung der Europäischen Union. Bundesnaturschutzgesetz und Bundesartenschutzverordnung ergänzen die WA- und EU-Regelungen innerstaatlich. Anhang II des WA enthält alle Arten, die zwar nicht aktuell vor der Ausrottung stehen, aber davon bedroht werden könnten, wenn Handel und Nutzung nicht streng kontrolliert würden. *Pandinus*-Arten sowie aus ihnen hergestellte Produkte dürfen demnach nur mit gültigen Export- und Importbescheinigungen in den Handel gelangen. Die IUCN (Internationale Naturschutzunion) führt zwar noch keine Skorpionarten auf ihrer jedes Jahr aktualisierten Roten Liste (IUCN 2011), weist als beratende Instanz jedoch ausdrücklich auf die unzulängliche Datenbasis hin, um Handelsauswirkungen auf *P.-imperator*-Populationen wirklich abschätzen zu können (über die beiden anderen geschützten *Pandinus*-Arten liegen keinerlei Handelsdaten vor). Dass der Handel gerade mit Kaiserskorpionen schon in den 1990er-Jahren boomte, verdeutlichen die über 100.000 Exemplare, die 1995 und 1996 aus Westafrika ausgeführt wurden (IUCN/SSC Trade Programme, schriftl. Mitteilung). Einer Publikation des österreichischen Lebensministeriums (BMLFUW 2007) ist zu entnehmen, dass die Zahl der aus Ghana nach Österreich eingeführten *P. imperator* von etwa 500 (2004) auf fast 3500 (2007) zugenommen hat, ein Trend, der für die EU generell angenommen wird.

Wer die Lebensgeschichte so langlebiger, sich langsam fortpflanzender Tiere zu interpretieren versteht, wird vorhersagen, dass natürliche Populationen derart massiven Entnahmen langfristig nicht gewachsen sein werden und zumindest lokal aussterben können. Die Zerstörung natürlicher tropischer Lebensräume würde beschleunigend dazu beitragen. Gerade den Haltern von *Pandinus* muss klar sein, dass sie bei der Pflege dieser eindrucksvollen Skorpione eine besondere Verantwortung tragen und alles tun sollten, die nationale Nachfrage durch Nachzuchten zu decken.

Für WA-II-Arten, die ab dem 1.6.1997 erworben wurden, sind nicht mehr die früher üblichen CITES-Dokumente nötig, sondern es genügt eine formlose Bescheinigung des Vorbesitzers, in der er die rechtmäßige Abgabe der Tiere erklärt. Diese Bescheinigung entbindet den Halter nicht von seiner Meldepflicht bei der lokalen Umweltbehörde, dem Regierungspräsidium oder dem Landratsamt, wo er den Erwerb geschützter Arten sowie Änderungen in seinem Tierbestand (Todesfälle, Nachzuchten) innerhalb von vier Wochen anzeigen muss. Eine Bestimmungshilfe für die geschützten *Pandinus*-Arten und Unterscheidungsmerkmale zur nahe verwandten asiatischen Gattung *Heterometrus* finden sich bei LOURENÇO & CLOUDSLEY-THOMPSON (1996) sowie Striffler (2011b).

Vom Umgang mit Skorpionen

Einige wichtige Fragen sollte man im Vorfeld einer Skorpionhaltung klären. Die Empfehlungen für den Umgang mit Skorpionen als Terarienbewohner verdienen umso mehr Beachtung, je größer die potenzielle Gefährlichkeit einer Art ist. Sie betreffen vor allem das Vermeiden von Stichen und anderen Unfällen beim „handling" (SCHIEJOK 1998c). Dadurch sollen sowohl der Pfleger als auch seine Tiere geschützt werden.

1. Erkundigen Sie sich, welche rechtlichen Voraussetzungen Sie für eine Skorpionhaltung erfüllen müssen – <u>bevor</u> Sie mit Skorpionen umgehen.
2. Schließen Sie eine Haftpflichtversicherung ab!
3. Kennzeichnen Sie Ihre Terrarien mit Angaben zu Art, Herkunft und potenziellen Gesundheitsrisiken. Geben Sie Notrufnummern an.

4. Skorpione niemals mit der bloßen Hand ergreifen. Bei Arbeiten im besetzten Terrarium immer stichfeste Handschuhe tragen oder besser noch (zusätzlich) Verlängerungen wie Löffel, Pinzetten usw. verwenden! Auch erfahrene Pfleger sind vor Stichen nicht sicher und gehen je nach Skorpionart u. U. hohe Risiken ein.

5. Wichtigstes Werkzeug des Skorpionhalters sind eine oder besser zwei kräftige Pinzetten, die länger als die Gesamtlänge des Skorpions sein müssen (für große bzw. sehr giftige Arten etwa 30 cm lang). Für neugeborene Skorpione nimmt man eine stumpfe Federstahlpinzette, um sie nicht zu verletzen.

6. Um Skorpione aus dem Terrarium zu fangen, drängt man sie mit einem langen Stab oder der Pinzette vorsichtig in eine auf den Boden des Beckens gelegte Plastikdose, die man anschließend fest verschließt. Muss man die Tiere anheben, nimmt man sie niemals an Beinen oder Scheren, sondern fasst sie mit der Pinzette von der Seite am vierten oder fünften Segment des „Skorpionschwanzes" (Metasoma). Greift man in Körperlängsachse zu, können sich Skorpione mit den Scheren an der Pinzette entlanghangeln und der Hand bedrohlich nahe kommen.

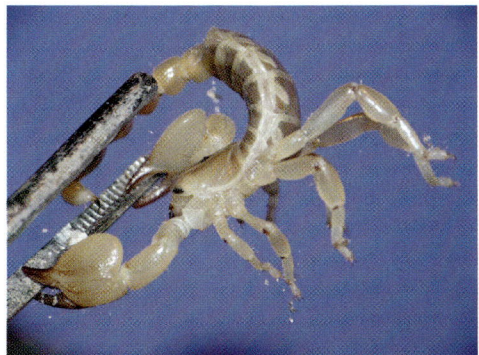

Dieser *Scorpio maurus* hat sich die Pinzette geschnappt, trägt über seine Scherenhände sein eigenes Körpergewicht und versucht auch noch, in die Pinzette zu stechen ...
Foto: K. Kunz

7. Behälter zur Skorpionhaltung müssen ausbruchsicher und mit einem Deckel versehen sein, der bei gefährlich giftigen Arten verschließbar sein muss. Zusätzlich müssen solche Arten in einem abschließbaren Raum untergebracht sein, aus dem sie nicht entkommen können.

8. Zu Skorpionen dürfen unbefugte und besonders gefährdete Personen wie Kinder keinen Zugang haben.

9. Der Umgang mit giftigen Tieren verlangt einen klaren Kopf, den man nach Alkohol- und Drogenkonsum nicht mehr hat.

10. Ein Skorpion kann älter als ein Hund werden und dem Pfleger jahrelange Betreuung abverlangen. Sind Sie dazu bereit? Akzeptieren auch Ihre Mitbewohner solche Dauergäste?

So mit einer langen Pinzette gehalten, hat man auch gefährliche Skorpione voll im Griff
Foto: D. Mahsberg

11. Skorpione sind – was VON WIRTH (1996) auch zur Vogelspinnenhaltung anmerkt – keine Spiel- oder Schmusetiere. Lassen Sie die Haltung von Skorpionen und anderen giftigen Tieren sein, wenn Ihnen dazu nur „Nervenkitzel" und „Imponieren" einfällt! Wer „unter dem Skorpion geboren" ist, braucht ihn deswegen nicht unbedingt auch als Haustier.

Skorpionporträts

Die folgenden Skorpionporträts stellen überwiegend häufiger im Terrarium gehaltene Arten vor, jedoch auch einige seltener gepflegte (weitere Porträts z. B. in WATZ 2008). Dabei werden – soweit bekannt – für die Haltung und Nachzucht notwendige Informationen vermittelt. Für Familienmerkmale siehe „Das System der Skorpione: ein Familien-

überblick". Bei der geografischen Verbreitung ist u. a. die klimatische Ökozone (WALTER & BRECKLE 2004) vermerkt, in der die Art bzw. Gattung überwiegend lebt. Die zitierte Literatur umfasst neben terraristischen Angaben vor allem auch Publikationen zu Taxonomie, Systematik, Ökologie und Verhaltensbiologie.

Familie Buthidae C. L. KOCH, 1837

Gattung *Androctonus* EHRENBERG, 1828, Dickschwanzskorpione

Geografische Verbreitung und Kennzeichen

Diese 13 Arten umfassende Skorpiongattung hat ein ausgedehntes Verbreitungsgebiet, das sich von Nordafrika (Sahara, Sudan) über den Nahen und Mittleren Osten (Libanon, Israel, Jordanien, Saudi-Arabien, Oman, Kuwait, Vereinigte Arabische Emirate) bis nach Afghanistan, Pakistan und Nordwest-Indien erstreckt. Alle *Androctonus* spp. sind Arten arider Lebensräume. Sie leben vor allem unter subtropischem Wüstenklima, im äußersten Norden Afrikas auch unter mediterranem Winterregenklima.

Dickschwanzskorpione besitzen ein kräftiges Metasoma, das deutlich breiter als die Pedipalpen ist. Außerdem können die seitlichen Ränder besonders des vierten und fünften Metasomarings stark gekielt sein (Ring im Querschnitt oberseits wie ein U eingebuchtet). Männchen besitzen mehr Kammzähne als Weibchen.

Literatur

Taxonomie, Systematik, Verbreitung: VACHON (1952), LEVY & AMITAI (1980), SISSOM (1990), STRIFFLER (2011c). Allgemeine Biologie, Haltung: AUBER-THOMAY (1974), SCHMIDBAUER (1982), SCHIEJOK (1996), STRIFFLER (2007).

Androctonus australis LINNÉ, 1758
Sahara-Skorpion, Nordafrikanischer Dickschwanz-Skorpion

Lebensraum

Zu den typischen Lebensräumen dieser agilen Art gehören Felsenhänge und Geröllhalden ebenso wie Steppen, Halbwüsten und Sandwüsten, wo sie in flachen, selbst gegrabenen Verstecken oder in flachen Mulden unter Steinen usw. zu finden ist. Nachts klettern diese Skorpione auch in Büsche oder auf Palmen. Jungtiere findet man sogar an Grasspitzen auf Beute lauernd.

Größe

Ausgewachsene Exemplare erreichen Längen von 6 (Männchen) bis 8 cm (Weibchen) und gehören damit zu den mittelgroßen Skorpionen.

Merkmale

Vom sandfarbenen Körper heben sich die helleren, leicht transparent wirkenden Beine ab. Die Scherenhände sind viel kräftiger als bei *A. bicolor aeneas*, erreichen aber trotzdem nicht den Durchmesser des äußerst kräftigen Metasomas. Die Scherenhände sowie die beiden Endglieder des Metasomas sind teilweise ganz kastanienbraun bis fast schwarz gefärbt, besonders bei Jungtieren. Die Giftblase ist groß und dunkel.

Giftigkeit

Wie bei allen *Androctonus*-Arten ist auch bei *A. australis* mit sehr schmerzhaften Stichen mit der Gefahr kardialer und zentralnervöser Symptomatik zu rechnen. Beim Umgang mit dieser Art ist größte Vorsicht angebracht, da sie als die giftigste in ganz Nordafrika gilt und für die meisten Todesfälle in dieser Region verantwortlich ist (überwiegend Kinder). Bei der Haltung dieser Art sind alle sicherheitsrelevanten Maßnahmen unbedingt einzuhalten!

Haltung und Nachzucht

Die Tiere lassen sich paarweise in 20 cm hohen Becken mit einer Grundfläche von 30 × 30 cm halten. Ausreichende Fütterung kann Kannibalismus vorbeugen. Als Bodengrund wählt man eine etwa 10 cm hohe Schicht aus einem Lehm-Sand-Gemisch, in dem die Tiere Wohnröhren anlegen. Eine insgesamt trockene Haltung hat sich bewährt (allerdings sollte auch hier das Versteck stets leicht feucht gehalten werden).

Die Haltungstemperatur darf 28–30 °C, lokal auch bis zu 40 °C betragen. Eine Überwinterung bei 10–15 °C fördert die Fortpflanzungsbereitschaft.

Etwa drei Wochen nach der Winterruhe beginnt das Männchen, ruhelos im Behälter umherzulaufen. Stößt es dabei auf eine Partnerin, beginnt es unverzüglich zu balzen. Der „Hochzeitstanz" dauert 3–5 Stunden. Dabei sticht das Männchen seine Partnerin auch in Bauch oder Rücken, was wir bei allen von uns gepflegten *Androctonus*-Arten beobachten konnten.

Nach einer Tragzeit von 110–120 Tagen werden am Ende des Sommers im Durchschnitt 35–60, in Ausnahmefällen bis zu 140 Junge geboren. Da die Mutter ihre Jungen nach Ende der Brutpflegephase gerne verzehrt, sollte man diese

ab dem zweiten Stadium besser einzeln in Kleinstbehältern aufziehen.

Als Erstlingsfutter sind Springschwänze und kleine flugunfähige *Drosophila* geeignet. Nach etwa 14 Tagen akzeptieren die Jungtiere bereits frisch gehäutete Heimchen und große *Drosophila*. Die Temperatur in den Aufzuchtgefäßen sollte niemals 30 °C übersteigen; als Substrat kann das gleiche Material wie bei den Eltern verwendet werden. In eine Ecke des Behälters legt man ein feuchtes Stück Schaumstoff, damit die Jungen jederzeit trinken können. Mit 1–2 Jahren erreicht *A. australis* die Geschlechtsreife. Seine Lebenserwartung beträgt 4–8 Jahre. Bei STRIFFLER (2007) findet der Halter von *A. australis* alles, was er für die Pflege dieser Art wissen muss.

Futter

Als Futtertiere eignen sich Wanderheuschrecken, Heimchen, Grillen, Schaben, Mehlwürmer, Käfer und deren Larven sowie Fliegen und Falter.

Dickschwanzskorpion (*Androctonus australis*) aus der libyschen Wüste in Abwehrstellung
Foto: K. E. Linsenmair

Ein sehr interessanter, aber auch gefährlicher Gast im Terrarium: *Androctonus mauritanicus*

Foto: B. Trapp

Androctonus mauritanicus
(POCOCK, 1902)

Lebensraum
Diese Art bewohnt aride Lebensräume wie Wüsten, Grassteppen, Sandhügel und Geröllhalden Marokkos und Mauretaniens.

Größe
Exemplare dieser Art können eine Gesamtlänge von 9 cm erreichen.

Merkmale
Androctonus mauritanicus ist einheitlich mattschwarz gefärbt; die Extremitäten sind etwas heller. Seine Scherenhände sind klein und spitz. Die Giftblase ist knapp so lang wie der Stachel und nicht sehr groß.

Giftigkeit
Siehe *A. australis*

Haltung und Zucht
Dank der geringen innerartlichen Aggressivität ist es möglich, in einem Becken von 30 × 30 × 20 cm (L × B × H) 5–6 Exemplare zu pflegen. Als Substrat ist feiner, in den unteren Schichten stets leicht feucht zu haltender Sand geeignet, auf dem man einige flache Steine als Verstecke verteilt. Die Tiere bevorzugen aber selbst gegrabene Wohnröhren, weshalb der Sandboden tief genug sein muss. Unerlässlich ist eine flache Trinkschale.

Als Haltungstemperatur sind 30–35 °C empfehlenswert (Nachtabsenkung auf Zimmertemperatur). Ein trächtiges Weibchen, das über den Tierhandel importiert wurde, brachte nach 14 Tagen 23 Jungtiere zur Welt. Ihre Aufzucht erwies sich als unproblematisch. Die Jungen hält man auf leicht feuchtem Sand mit einigen Rindenstücken als Versteck. Die Tagestemperaturen von etwa 27 °C können nachts auf 22 °C abgesenkt werden. Als Erstfutter geeignet sind Springschwänze und *Drosophila*.

Futter
Diese Art frisst mittelgroße Heimchen und Grillen, kleine Wanderheuschrecken, Getreideschimmelkäfer und deren Larven, Asseln, Spinnen und Mehlwürmer.

Gattung *Babycurus* KARSCH, 1886

Geografische Verbreitung und Kennzeichen

Die Gattung ist mit 17 teils schwierig unterscheidbaren Arten in Ost- und Zentral-Afrika sowie im Jemen verbreitet. Von den recht ähnlichen Arten der Gattung *Odonturus* lassen sich *Babycurus*-Spezies dadurch unterscheiden, dass sie Sporne nur an der Tibia des letzten Beinpaars tragen, während *Odonturus* solche an den letzten beiden Beinpaaren aufweist.

Babycurus jacksoni (POCOCK, 1890)

Lebensraum

Diese Art kommt in Kenia, Tansania, Uganda, Kamerun und in der Demokratischen Republik Kongo vor. Sie besiedelt dort überwiegend Savannen. Man findet sie unter Rinde oder Steinen am Boden, manchmal aber auch kletternd.

Größe

Adulte Individuen erreichten 60–87 mm Körperlänge, es handelt sich somit um eine mittelgroße Art.

Merkmale

Pro- und Meso- und Metasoma sowie die Laufbeine und die Pedipalpen sind schokoladen- bis rostbraun gefärbt. Über das Mesosoma erstreckt sich mittig eine etwas dunklere Längslinie, das Prosoma kann ein ebenso gefärbtes Dreieck aufweisen, um die Augen stehen dunkle Punkte. Auch das letzte Metasoma-Segment sowie die Scherenfinger sind dunkler. Die Giftblase ist orange, der Stachel schwarz gefärbt.

Die Zahl der Kammzähne beträgt 18–24. Die Geschlechter lassen sich anhand der dickeren Scheren der Männchen unterscheiden.

Babycurus jacksoni
aus Ostafrika
Foto: K. Kunz

Giftigkeit

Obwohl die Art nicht ganz so gefährlich wie verschiedene andere Buthiden zu sein scheint, ist ihr gegenüber doch größte Vorsicht anzuraten. Der Stich dieser sehr flinken Skorpione ist extrem schmerzhaft, und es kommt meist zu weiteren – wenn auch überwiegend lokalen – Symptomen. Zu beachten ist außerdem, dass sich vor allem Jungtiere tot stellen können.

Haltung und Nachzucht

Ein Terrarium ab 30 × 20 × 20 cm (L × B × H) genügt für die Haltung eines Pärchens. Entsprechend geräumige Behälter mit vielen Verstecken vorausgesetzt, lassen sich auch Gruppen halten – allerdings funktioniert dies am besten bei adulten Exemplaren mit einer überwiegenden Zahl von Weibchen.

Lehmige Erde, die an einigen Verstecken leicht feucht gehalten wird, eignet sich als Substrat. Als Verstecke kommen hohl liegende Steine und Rindenstücke infrage, auch einige vertikale Kletter- und Versteckmöglichkeiten sollten nicht fehlen. Eine flache Wasserschale bietet das nötige Trinkwasser. Die Temperaturen am Tag sollten 24–28 °C betragen (bei rund 70–80 % Luftfeuchte), nachts können sie auf Zimmerwerte fallen.

Die Vermehrung ist nicht schwierig, die Zahl der einfach aufzuziehenden Jungtiere beträgt meist rund 20–30.

Futter

Babycurus jacksoni hat keine besonderen Nahrungsvorlieben und überwältigt ein breites Spektrum an Futtertieren, die deutlich größer als der Skorpion selbst sein können.

Literatur

Taxonomie, Systematik: KOVAŘÍK (2000).

Gattung *Buthacus* BIRULA, 1908

Geografische Verbreitung und Kennzeichen

Die rund 21 Arten umfassende Gattung bewohnt ein weites Verbreitungsgebiet, das ganz Nordafrika, Saudi-Arabien, Bahrain, Katar, Kuwait, die Vereinigten Arabischen Emirate, den Libanon, Jordanien, Syrien, Israel, Iran, Irak, Afghanistan und Pakistan einschließt. Diese Skorpione besiedeln vorwiegend Wüsten- und aride bis halbfeuchte Steppenlebensräume unter subtropischem Wüsten- bis mediterranem Winterklima.

Es handelt sich um kleine bis mittelgroße Arten (40–75 mm) mit meist gelber, bräunlicher, gelblich grauer oder gelblich grüner Färbung. Die Scherenfinger sind lang und dünn. Das Prosoma ist glatt oder schwach granuliert.

Literatur

Taxonomie, Systematik, Verbreitung: LOURENÇO (2006), STRIFFLER (2011c).

Die Sandwüsten der Sahara sind nicht nur etwas für Dünenkletterer wie *Buthacus arenicola*, sondern werden auch von anderen Buthiden bewohnt
Foto: D. Mahsberg

Sein Name ist Programm: Bei *Buthacus arenicola* handelt es sich um einen Sandbewohner – hier ein trächtiges Weibchen
Foto: B. Trapp

Buthacus arenicola (SIMON, 1885)

Lebensraum

Wie es der wissenschaftliche Name schon verrät, ist diese Art ein spezialisierter Bewohner sandiger Lebensräume in Tunesien, Algerien, Libyen, Marokko und Ägypten. Hier sind die Tiere in selbst gegrabenen Gängen unter Steinen zu finden.

Größe

Adulte Exemplare werden 5,5 cm lang und sind damit mittelgroße Skorpione.

Merkmale

Der Körper ist einfarbig heller oder dunkler gelb getönt, wobei das Mesosoma etwas dunkler erscheint. Der Stachel ist dunkelbraun. Die Scherenhände sind glatt und recht lang, die Scherenfinger etwas dunkler als die übrigen Pedipalpen. Weibchen besitzen 21–25 Kammzähne, Männchen 27–31.

Giftigkeit

Bei allen *Buthacus*-Arten ist mit sehr schmerzhaften Stichen mit der Gefahr kardialer und zentralnervöser Symptomatik zu rechnen. Bei der Haltung dieser schnellen und sehr leicht reizbaren, stechfreudigen Art sind daher alle sicherheitsrelevanten Maßnahmen unbedingt einzuhalten!

Haltung und Nachzucht

In einem Terrarium von 30 × 30 × 20 cm (L × B × H) kann man ein Pärchen pflegen, genügend Verstecke und reichliche Fütterung vorausgesetzt. Der feine Sand in einer Schichthöhe von 10 cm sollte nach dem Anfeuchten und Wiederabtrocknen eine grabfähige Konsistenz aufweisen. Darüber bringt man flache Steine, Korkstücke o. Ä auf, unter denen die Skorpione graben und sich verstecken können. Die Tiere graben sehr viel und gestalten die Einrichtung nach ihren Vorstellungen um. Da sie ab und an auch gerne klettern, sollten einige Ästchen nicht fehlen.

Es genügt, nur etwa zweimal pro Woche sehr wenig Wasser zu versprühen, damit der Skorpion trinken kann. Lediglich trächtigen Weibchen sollte man etwas mehr Wasser zuführen. Eine zu feuchte Haltung ist der Gesundheit dieser Art jedoch sehr abträglich, die Tiere erkranken dann rasch an Verpilzungen. Der Bodengrund sollte darum völlig trocken gehalten werden. Am Tag sollten die Temperaturen bei 30–35 °C liegen, lokal bis 40 °C, und nachts um etwa 10 Grad absinken. Eine etwa sechswöchige Winterruhe bei rund 15 °C ist anzuraten. Auch dabei muss darauf geachtet werden, dass die Luftfeuchte möglichst niedrig gehalten wird.

Die Vermehrung ist nicht schwierig. Für das Anheften der Spermatophore muss ein flacher Stein vorhanden sein, auf Sandgrund wird sie nicht abgesetzt. Auch nach der Verpaarung können die Partner im selben Terrarium belassen werden. Lediglich vor der Geburt der Jungen sollte man das Männchen entfernen, da sonst das gestresste Weibchen seine Jungen auffressen kann.

Die Jungtiere können bei genügend Verstecken und Futter in kleinen Gruppen gemeinsam aufgezogen werden. Sie benötigen ein etwas feuchteres Mikroklima als die Adulten.

Futter

Als Futtertiere eignen sich entsprechend dimensionierte Heimchen, Grillen, Schaben, Mehlwürmer und Käfer, auch Fliegen werden gefangen.

Buthacus leptochelys
(EHRENBERG, 1829)

Lebensraum

Dieser Skorpion gräbt sich Gänge in Sanddünen, ist aber auch in Felsregionen anzutreffen. Sein riesiger Lebensraum erstreckt sich von Mauretanien über ganz Nordafrika (mit Aus-

Buthacus leptochelys wird seltener gepflegt als *B. arenicola*, ist aber nicht minder interessant
Foto: M. Rempp

nahme Tunesiens), weite Teile der Arabischen Halbinsel sowie bis Iran und Irak.

Größe

Adulte Exemplare erreichen 6 cm Körperlänge und sind damit mittelgroße Skorpione.

Merkmale

Die Art ähnelt stark der vorgenannten, jedoch kann der vordere Teil des Prosoma manchmal ins Orange spielen, ebenso Segment V des Metasoma. Von *B. arenicola* lässt sich *B. leptochelys* am leichtesten anhand der Struktur von

Sternit VII unterscheiden, das bei der letztgenannten Art glatt, bei *B. arenicola* dagegen granuliert ist. Weibchen besitzen 18–29 Kammzähne, Männchen 27–35.

Giftigkeit

Siehe *B. arenicola*

Haltung und Nachzucht

Siehe *B. arenicola*

Futter

Siehe *B. arenicola*

Gattung *Buthus* LEACH, 1815

Geografische Verbreitung und Kennzeichen

Diese Gattung kommt mit inzwischen über dreißig anerkannten Arten in Südeuropa, Nordafrika einschließlich Ägypten, Äthiopien und Somalia sowie Israel und Jordanien und Teilen Westafrikas vor. Am bekanntesten sind der Feld- oder Languedoc-Skorpion *Buthus occitanus* Südfrankreichs (mediterranes Winterregenklima) und *B. tunetanus* aus Tunesien, dem Sahara-Atlas und der Zentral-

Sahara, der vor allem unter subtropisch-aridem Wüstenklima, im äußersten Norden Afrikas auch unter mediterranem Winterregenklima lebt.

Die Granulation des Carapax der *Buthus*-Arten unterscheidet sich von der aller anderen Buthiden durch die Verbindung einiger Körnerreihen zu einer leier-(=lyra-)förmigen Figur. Im Gegensatz zu *Androctonus* ist das Metasoma von *Buthus* schlanker; auch sind die Metasomaringe alle etwa gleich groß.

Buthus occitanus

(AMOREUX, 1789)

Geografische Verbreitung

Diese Art kommt von Südfrankreich bis Südspanien vor. Nach neuen Erkenntnissen wurden viele der vor Kurzem zahlreichen Unterarten von *Buthus occitanus* in den Artstatus erhoben (Überblick in STRIFFLER 2011c, 2011d).

Lebensraum

Der Feldskorpion besiedelt Wüstengebiete und trockene, steinige Grassteppen. Während des Tages verbirgt er sich unter flachen Steinen. Dort legt er am Ende eines bis zu 10 cm langen Ganges eine kleine Kammer an.

Größe

Ausgewachsene Tiere dieser Unterart sind mit durchschnittlich 8 cm mittelgroße Skorpione.

Äußere Merkmale

Lebende Exemplare weisen eine sandgelbe Färbung auf, die an den Rückensegmenten auch dunklere Schattierungen ausbildet, sodass der Eindruck einer Streifenzeichnung entstehen kann. Die Scheren sind kompakt und verjüngen sich nach vorne deutlich. Im Verhältnis zum Metasoma ist die Giftblase ziemlich groß. Männchen besitzen mehr Kammzähne als Weibchen.

Giftigkeit

Stiche des europäischen *B. occitanus* können schmerzhaft sein, zeigen aber keine systemische

Die Gattung *Buthus* – hier *Buthus occitanus* – trägt auf dem Carapax wie eine Leier geformte Körnerreihen
Foto: M. Vences

Wirkung. Das Gift von *B. tunetanus* dagegen ist weit potenter und kann zu Herz-Kreislauf-Problemen führen.

Haltung und Nachzucht

Jedes Paar benötigt ein wenigstens 30 × 30 × 20 cm (L × B × H) messendes Becken. Es ist unbedingt darauf zu achten, dass die Tiere ausreichend gefüttert werden, da es sonst zu Kannibalismus kommt. Als Bodengrund eignen sich grober Sand oder Lehm.

Die Tagestemperaturen sollten bei 30 °C liegen und können lokal sogar auf 35–38 °C erhöht sein. Gerade bei hoher Haltungstemperatur darf jedoch eine flache Wasserschale nicht fehlen.

Oft liegen die Tiere in engem Körperkontakt unter einem Versteck. *Buthus occitanus* ist eine im Terrarium sehr lebhafte und häufig auch tagaktive Art. Der Paarungstanz zieht sich nicht selten über zwei bis drei Tage hin; die Paarung erfolgt aber nur in der Nacht. Die Spermatophore wird immer auf einer flachen Unterlage (Stein oder Rinde) abgesetzt, niemals jedoch auf Sand. Nach erfolgter Paarung sinkt die Aktivität der Skorpione, die sich dann nur noch in der Dunkelheit zeigen. Auch fressen sie jetzt seltener und unregelmäßiger. Etwa vier Wochen vor der Geburt stellt das Weibchen die Nahrungsaufnahme völlig ein; von jetzt an wird auch das Männchen nicht mehr in der gemeinsamen Höhle geduldet. Die künftige Mutter beginnt dann, ihr Versteck nach unten bis zum Boden des Terrariums zu erweitern.

Die Pränatalentwicklung dauert etwa 105–120 Tage. Nach der Geburt verbringen die Kleinen die folgenden 5–7 Tage auf dem Rücken der Mutter und häuten sich dann. Ihre zarten Exuvien bleiben wie Gespinste auf dem Weibchen hängen. Ab jetzt sind die Jungen in Kleinstbehältern separat aufzuziehen.

Als Erstlingsfutter eignen sich kleine *Drosophila* und Springschwänze; nach 14 Tagen kann man frisch geschlüpfte Heimchen anbieten. Als Substrat für die Jungtiere hat sich ein Erde-Sand-Gemisch bewährt, das man an einer Stelle feuchter hält. Eine „Korkbrücke" dient als Unterschlupf, während ein feuchtes Stück Schaumstoff immer Gelegenheit zum Trinken bietet (bei sehr kleinen Skorpionen sind Trinkschalen gefährlich). Die Bodentemperatur sollte tagsüber bei 25–30 °C liegen und während der Nacht auf 20 °C abgesenkt werden.

Futter

Gefüttert werden adulte *B. occitanus* mit mittelgroßen Heimchen und Grillen, Mehlwürmern, jungen Wanderheuschrecken usw.

Literatur

Taxonomie, Systematik, Verbreitung: VACHON (1952), LEVY & AMITAI (1980), SISSOM (1990), BELLMANN (1997), LOURENÇO (2003), HABEL et al. (2011), STRIFFLER (2011c, 2011d). Allgemeine Biologie, Verhalten, Ökologie: AUBER (1963), KRAPF (1988a), FABRE (1907). Haltung: BÖTTCHER (1988), KRAPF (1988b).

Gattung *Hottentotta* BIRULA, 1908

Geografische Verbreitung und Kennzeichen

Das Verbreitungsgebiet dieser vormals *Buthotus* genannten Gattung (21 Arten) erstreckt sich über ganz Afrika und vom Mittelmeer über den Iran bis Indien. Diese Skorpione leben überwiegend unter subtropisch aridem Wüstenklima und tropischem Sommerregenklima.

Von den teils recht ähnlich aussehenden Arten der Gattungen *Androctonus* und *Buthus* unterscheidet sich *Hottentotta* u. a. durch eine Doppelreihe kurzer Dornen an der Unterseite von Basitarsus und Tarsus (bei *Androctonus*: Haare oder Bürsten) sowie durch das Fehlen der für *Buthus* typischen leierförmigen Carapax-Kiele. Die Oberseite von *Hottentotta* ist kräftig granuliert.

Lebensraum

Hottentotta spp. besiedeln trockene und sehr warme Biotope wie Halbwüsten und Wüsten, kommen aber auch in äquatorialen Savannen und Savannenwäldern vor. Man trifft diese Skorpione meist unter Steinen und Fallholz oder unter der losen Rinde von Bäumen an.

Hottentotta franzwerneri
(BIRULA, 1914)

Größe

Mit einer Gesamtlänge von 8–10 cm zählt diese Art zu den mittelgroßen Skorpionen.

Äußere Merkmale

Die Unterart *H. f. gentili* ist einheitlich mattschwarz gefärbt, nur Scherenhände und Giftblase sind dunkel bis rötlich braun. *Hottentotta f. franzwerneri* ist im Ganzen heller gefärbt, die Laufbeine sind hellbraun bis gelb wie die Scherenfinger. Scheren, Beine und Metasoma sind bei beiden Unterarten leicht behaart. Das Telson ist groß.

Giftigkeit

Sehr schmerzhafte Stiche mit der Gefahr kardialer und zentralnervöser Symptomatik.

Hottentotta franzwerneri franzwerneri besitzt wie alle Arten der Gattung eine stark gekörnte Cuticula
Foto: W. Schmidt

Haltung und Zucht

Die Tiere benötigen ein Trockenterrarium mit einer etwa 5 cm hohen Sandschicht, in der sie sich unter einem Stein eingraben können. Einige Holz-

Hottentotta franzwerneri
gentili aus Algerien
Foto: W. Schmidt

Tagsüber kann die Haltungstemperatur 30–35 °C betragen. Sie sollte in der Nacht auf 20–25 °C fallen. Während der Wintermonate kann man die Werte auf 15 °C oder weniger absenken.

Futter

Diese geschickten Jäger erbeuten an Wirbellosen alles, was sie überwältigen können. Gefüttert werden sie mit Heuschrecken, Schaben, Grillen und Heimchen, Raupen der Wachs- oder Mehlmotte, *Zophobas*-Larven usw.

stücke und eine flache Wasserschale vervollständigen die Einrichtung. Bei dieser Art ist eine paarweise Haltung in einem Terrarium von 20 × 30 × 20 cm (L × B × H) möglich.

Hottentotta franzwerneri
gentili, ein Buthide mit großer Giftblase und deutlich behaartem Metasoma
Foto: R. Lippe

Hottentotta hottentotta
(FABRICIUS, 1787)

Lebensraum

Die Art kommt auf stark verdichteten Sandböden in Halbwüsten vor, in Gras- und Busch-Baum-Savannen, tropischen Trockenwäldern usw. Man findet sie unter Steinen und Rinde oder in Termitenbauten. In der Regenzeit ist diese Art in Westafrika gelegentlich auch tagsüber aktiv, um z.B. schwärmende Termiten zu fangen.

Größe

Mit etwa 7–10 cm Gesamtlänge zählt dieser Skorpion zu den mittelgroßen Arten.

Äußere Merkmale

Die Tiere sind einheitlich schmutzig braungelb gefärbt. Das relativ dicke Metasoma trägt eine große Giftblase.

Giftigkeit

Siehe *H. franzwerneri*

Haltung und Nachzucht

Will man keine Verluste in Kauf nehmen, so ist bei dieser Art Einzelhaltung unerlässlich. Ein Tier benötigt ein Terrarium von 20 × 30 × 20 cm (L × B × H), das neben einer Bodenschicht aus grobem Sand bzw. Lehm einige flache Steine und eine Wasserschale enthält.

Tagsüber ist eine trockenwarme Haltung bei 30–35 °C angebracht. Die Temperatur kann nachts auf 20–25 °C abgesenkt werden. Die Wohnverstecke sind etwas feuchter zu halten, um einem Austrocknen der Tiere vorzubeugen. Berichte über eine erfolgreiche Nachzucht liegen bislang noch nicht vor. Nach LOURENÇO & CUELLAR (1994) könnte *H. hottentotta* in Teilen seines westafrikanischen Verbreitungsgebiets parthenogenetisch sein.

Futter

Siehe *H. franzwerneri*

Literatur

Taxonomie, Systematik, Verbreitung: VACHON (1952), LEVY & AMITAI (1980), SISSOM (1990), STRIFFLER (2011c).

Gattung *Isometrus* EHRENBERG, 1828

Geografische Verbreitung und Kennzeichen

Isometrus ist mit 20 Arten die einzige Skorpiongattung, die heute auf allen fünf Kontinenten vorkommt. Dies hat sie allerdings der Verschleppung durch den Menschen zu verdanken. Der Ursprung von *Isometrus* liegt vermutlich in der indoorientalischen Region (tropisches Sommerregenklima).

Lebensraum

Isometrus-Arten sind häufig in Falllaub und in Holzhaufen zu finden. Steine suchen sie weniger gerne auf, auch graben sie wohl kaum.

Isometrus maculatus
(DEGEER, 1778)

Größe

Bei dieser Art werden die Weibchen 4–5 cm lang, während die Männchen 7–8 cm erreichen können.

Äußere Merkmale

Beide Geschlechter weisen bei dunkel-honigbrauner Grundfärbung helle Querbinden oder -streifen auf, wobei der Rücken des Männchens nur drei Streifen trägt. Unter dem Stachel steht ein deutlicher Subakuleardorn. *Isometrus maculatus* zeichnet sich durch einen ausgeprägten Sexualdimorphismus aus: Die Männchen verfügen über wesentlich längere Pedipalpen und ein deutlich längeres Metasoma als die Weibchen.

Giftigkeit

Die Stiche können vorübergehend stark schmerzen, haben aber keine systemischen Wirkungen.

Haltung und Nachzucht

Erwachsene *I. maculatus* können in Gruppen gehalten werden, wobei ein Terrarium mit 30 × 30 cm Grundfläche für 6–8 Tiere ausreicht. Der Bodengrund sollte aus einem Laub-Erde-Gemisch bestehen, auf dem man einige grobrindige Äste verteilt. *Isometrus maculatus* klettert gut und versteckt sich gerne unter abstehender Rinde.

Diese Art benötigt ein feuchtwarmes Klima mit Temperaturen von 26–28 °C und 80 % relativer Luftfeuchtigkeit.

Die Paarung läuft nach dem für Skorpione üblichen Schema ab. Eine Besamung kann für mehrere Geburten ausreichen. Nach einer Trächtigkeitsperiode von 75–80 Tagen werden 17–20 Jungtiere geboren. Etwa vier Tage später häuten sie sich erstmals, um 1m Alter von 2–3 Wochen den Rücken der Mutter zu verlassen.

Die Aufzucht der Jungen erfolgt zu dritt oder zu viert in Kleinstbecken. Einzelhal-

Mutter und Junge des Kosmo-
politen *Isometrus maculatus*
sind auffallend gezeichnet
Foto: H. Fischer

tung kann aber notwendig werden, da diese Skorpione gelegentlich zu Kannibalismus neigen. Als Erstfutter erhalten sie Spring-schwänze sowie die Larven von Ofenfisch-chen, und schon nach 14 Tagen verzehren sie kleine *Drosophila* und frisch geschlüpfte Heimchen.

Futter

Die Art frisst Heimchen, Grillen, Heuschrecken, Schaben, Mehlwürmer und *Zophobas*-Larven.

Literatur

Systematik, Taxonomie und Verbreitung: SISSOM (1990). Verhalten und Ökologie: PROBST (1972).

Gattung *Leiurus* EHRENBERG, 1828

In der lange monotypischen (nur eine Art umfassenden) Gattung werden seit 2007 je nach Autor zwei bzw. fünf Arten und zwei Unterarten geführt.

Leiurus quinquestriatus
(EHRENBERG, 1828)

Geografische Verbreitung und Kennzeichen

Leiurus quinquestriatus hat ein ausgedehntes Verbreitungsgebiet, das Nordafrika und die ari-den Regionen Westafrikas sowie Teile Vorder-asiens umfasst. Er trägt auf den vorderen bei-den Mesosomasegmenten je fünf deutliche Kiele (Körnerstrukturen der Cuticula), weshalb er auch Fünfstreifenskorpion genannt wird. Auf den folgenden fünf Metasomasegmenten sind nur je drei Kiele zu erkennen. Besonders Jungtiere besitzen ein dunkel gefärbtes, manchmal sogar schwarzes fünftes Metasoma-segment, das sich vom sonst gelben bis leicht orange gefärbten Körper deutlich abhebt. Bei Adulten kann die Färbung des fünften Metaso-masegments verblasst sein. Das Telson ist meist satt gelb. Generell können Skorpione dieser Gattung in Größe und Färbung stark variieren (siehe z. B. Fotos in TIETZ & STÜRTZ 2008).

Lebensraum

Leiurus quinquestriatus kommt auf einer Viel-zahl von Bodentypen vor (Lehm-Löss-Böden, Stein- und Felswüste), meidet aber Sanddü-nengebiete. Dieser Halbwüsten- und Wüsten-bewohner dehnt sein Verbreitungsgebiet in Israel zurzeit Richtung Mittelmeerküste aus (siehe „Skorpione global gesehen"). Die Tiere verstecken sich tagsüber in flachen, selbst ge-grabenen Mulden unter großen Steinen.

Größe

Mit einer Gesamtlänge von 5–10 cm (in Aus-nahmefällen bis 13 cm) gehört dieser Skorpion zu den mittelgroßen Arten. Unterschiede in der Adultgröße können herkunftsspezifisch sein.

Giftigkeit

Sehr schmerzhafte Stiche mit der Gefahr kar-dialer und zentralnervöser Symptomatik. *Leiu-rus quinquestriatus* ist eine der gefährlichsten Skorpionarten und zudem sehr stechfreudig. Bei der Haltung dieser Art sind alle sicherheitsrele-vanten Maßnahmen unbedingt einzuhalten!

Haltung und Nachzucht

Für die Haltung eines Fünfstreifen-skorpions be-nötigt man ein Terrarium mit den Maßen 20 × 30 × 20 cm (L × B × H); Pärchen wird man in einem solchen Behälter nur kurz zur Verpaarung zusammenbringen.

Als Substrat wählt man eine etwa 8–10 cm hohe Sandschicht, die man im unteren Drittel leicht

feucht halten sollte. Einige flache Steine und eine Trinkschale sowie größere Baumrinden-stücke und Wurzeln, unter denen der Skorpion ein Versteck anlegen kann, ergänzen das In-ventar.

Als Bewohner warmer Regionen benötigen diese Skorpione tagsüber Temperaturen von 30–35 °C; nachts Absenkung auf 20–25 °C.

Die Paarung verläuft recht stürmisch, insgesamt jedoch nach dem von anderen Skor-pionen bekannten Schema. Nach einer durch-schnittlichen Tragzeit von fünf Monaten werden in Ausnahmefällen bis zu 100 Junge geboren (meist sind es „nur" halb so viele).

Schon vor der Geburt sollte das Weibchen auf jeden Fall von anderen Artgenossen se-pariert werden, um Verluste durch Kanni-balismus auszuschließen. Es kommt auch hin und wieder vor, dass die Mutter ihre eigenen Jungtiere vom Rücken pflückt und verzehrt. Dies geschieht allerdings nur dann, wenn kein Trinkwasser vorhanden ist. Ansonsten bereitet die Aufzucht der kleinen Skorpione keine Schwierigkeiten.

Bereits nach 36 Stunden haben sich fast alle Neugeborenen gehäutet. Nach zehn Tagen verlassen sie den Rücken der Mutter. Danach kann man sie in Gruppen von 4–6 Tieren in Kleinstbehältern halten (bei Anzeichen von Ge-schwisterkannibalismus tren-nen). Sie fressen zunächst kleine, doch schon nach etwa

Leiurus quinquestriatus quinquestriatus
Foto: D. Mahsberg

vier Wochen große *Drosophila* und frisch geschlüpfte Heimchen. Im Alter von etwa einem Jahr ist *L. quinquestriatus* geschlechtsreif.

Futter

Diese Art frisst Heimchen und Grillen und kann sogar ausgewachsene Wanderheuschrecken überwältigen. Auch Jungtiere können Insekten, Asseln und Spinnen erbeuten, die größer sind als sie selbst.

Literatur

Taxonomie: LEVY & AMITAI (1980), VACHON (1952). Verhalten, Ökologie, Haltung: ABUSHAMA (1968), BRAENDLE (1995), FLATT (1991), TIETZ & STÜRTZ (2008).

Gattung *Lychas* C. L. KOCH, 1845

Geografische Verbreitung und Kennzeichen

Die Gattung umfasst 39 kleine bis mittelgroße (21–69 mm) Boden- oder Baumbewohner. Vorderrand des Carapax zwischen Median- und Lateralaugen von der Seite gesehen fast horizontal, die Mesosoma-Tergite können eine, zwei oder drei Granulareihen aufweisen. Giftblase mit deutlichem, dreieckigem Subakulearstachel. Die überwiegende Anzahl der Arten bewohnt tropische bis subtropische Regionen. Das riesige Gesamtverbreitungsgebiet der Gattung erstreckt sich von Zentralafrika über Südostasien und Indien bis Australien und auf einige südpazifische Inseln (Fidschi, Salomonen).

Lychas mucronatus (FABRICIUS, 1798)
Chinesischer Schwimmerskorpion

Lebensraum

Das Verbreitungsgebiet reicht über weite Teile Chinas, über Birma, Laos, Kambodscha, Vietnam, Thailand, West-Malaysia und Indonesien. In Japan wurde die Art eingeschleppt.

Dieser flinke Skorpion ist oft in größeren Aggregationen anzutreffen. Er schätzt enge Verstecke wie abstehende rissige Baumrinde, weshalb er immer wieder auch in Obstplantagen zu finden ist. Vermutlich gelangte ein Exemplar über den Obsthandel sogar bis nach Norwegen.

Größe

Die Gesamtlänge adulter Tiere beträgt meist 4 bis 5 cm, ausnahmsweise auch bis 6,5 cm. Es handelt sich somit um mittelgroße Skorpione.

Äußere Merkmale

Lychas mucronatus ist lang. Seine Scheren sind schmal, das Metasoma dagegen ist kräftig und trägt ein voluminöses Telson. Wie bei allen *Lychas*-Arten fehlen Kiele auf dem letzten Mesosoma-Tergit sowie auf dem 5. Metasoma-Segment. Der Körper wirkt fast bunt und ist gelblich braun und dunkelbraun bis dunkelgrau gemustert. Auf dem Carapax erstreckt sich bis hinter die Medianaugen ein nach hinten gerichtetes, schwarzes Dreieck. *Lychas mucronatus* ist hinsichtlich seiner Färbung sehr variabel, was auf populationsspezifische Anpassungen hinweisen könnte.

Bei beiden Geschlechtern sind 16–25 Kammzähne vorhanden. Bei adulten Männchen ist die Basis des beweglichen Scherenfingers verdickt, der gleichzeitig etwas nach oben gebogen ist. Dadurch entsteht bei geschlossener Schere ein Spalt zwischen beweglichem und feststehendem Finger (bei Weibchen schließt die Schere auf ganzer Länge).

Giftigkeit

Diese nicht aggressive Art verharrt bei Störungen zunächst regungslos. Erst bei weiterer Belästigung fliehen die Tiere mit erstaunlich hoher Geschwindigkeit. Nach einem Stich stellen sich über Stunden anhaltende, starke Schmerzen und unter Umständen auch systemische Symptome ein.

Lychas mucronatus
Foto: K. Kunz

Haltung und Nachzucht

Jungtiere ebenso wie Adulti lassen sich gemeinsam pflegen, nur gelegentlich tritt nach Häutungen Kannibalismus auf. Voraussetzung für eine Gruppenhaltung sind genügend Versteckmöglichkeiten und ausreichend Futter. Schon ein Becken von ca. 30 × 30 × 20 cm (L × B × H) ist für etwa vier adulte Exemplare gut geeignet.

Der Bodengrund, z. B. aus Walderde, sollte etliche Zentimeter hoch eingefüllt werden, denn trotz ihrer überwiegend baumbewohnenden Lebensweise graben die Tiere gerne, insbesondere am Fuß senkrecht eingebrachter Rindenstücke, von denen man mehrere eng nebeneinander aufstellen sollte. Hier lauern die Tiere nachts oft kopfunter auf Beute – nur selten jagen sie ihr auch über eine kurze Distanz nach.

25–28 °C tagsüber und 20–22 °C nachts sowie eine Luftfeuchtigkeit von 70–80 % bei ausreichender Lüftung sind artgerechte Haltungsbedingungen. Eine mit Moos bestückte Ecke des Bodengrunds wird alle paar Tage angefeuchtet, wobei insbesondere bei Jungtieren Staunässe zu vermeiden ist (der Name „Schwimmerskorpion" ist irreführend). Ansonsten sollte man das Terrarium weitgehend trocken halten. Als Trinkgelegenheit ist ein nasser Schwamm in einer Schale empfehlenswert.

Die Nachzucht gelingt sehr leicht, und die Weibchen können im Verlauf weniger Monate zwei Würfe mit 20–35 Jungtieren zur Welt bringen, bevor sie dann meist eine mehrmonatige Fortpflanzungspause einlegen. Trächtige bzw. Neugeborene tragende Weibchen sollte man vereinzeln, da sie während dieser Zeit unverträglich sind. Die sehr kleinen Jungtiere lassen sich bei reichlicher Fütterung mit entsprechend dimensionierten Insekten – anfangs Springschwänzen – oder auch mit klein gehackten Insekten gemeinschaftlich leicht aufziehen.

Futter

Diese Art frisst Heimchen, Grillen, Schaben und andere nicht zu große Insekten.

Literatur

Taxonomie: DI et al. (2011). Haltung: KUNZ (2010).

Gattung *Parabuthus* Pocock, 1890

Geografische Verbreitung und Kennzeichen

Der Siedlungsraum der 28 *Parabuthus*-Arten erstreckt sich von Südafrika über Namibia, Angola und Zaire bis Sudan, Somalia und zur Rotmeerküste der Arabischen Halbinsel (Jemen, Saudi-Arabien). In diesen Ländern herrschen überwiegend subtropisch aride Klimabedingungen bzw. tropisches Sommerregenklima.

Neben einigen anderen Merkmalen lassen sich mit Ausnahme von *P. distridor* alle Arten der Gattung vor allem durch das Vorhandensein von Stridulationsrillen auf der Rückenfläche von Metasomasegment I, in geringerem Umfang auch auf Segment II, von anderen Buthidengattungen unterscheiden.

Lebensraum

Die *Parabuthus*-Arten sind das ökologische Gegenstück zum nordafrikanischen *Androctonus* und bewohnen Wüsten und verschiedene Savannentypen, wo sie sich unter Steinen und Fallholz oder in selbst gegrabenen, flachen Erdhöhlen verbergen. Manche Arten haben sich zu Kulturfolgern entwickelt und sind immer wieder auch in Häusern anzutreffen.

Ein typischer *Parabuthus*-Lebensraum in Namibia
Foto: D. Mahsberg

Parabuthus villosus (Peters, 1862)

Größe

Mit einer Gesamtlänge von 10–12 cm ist diese Art zu den mittelgroßen Skorpionen zu rechnen.

Äußere Merkmale

Der Körper ist ober- und unterseits kastanienbraun, etwas heller sind die Pedipalpen. Die Laufbeine sind bernsteinfarben. Das Metasoma ist deutlich breiter als die Pedipalpen. Metasoma und besonders das große Telson sind rotbraun behaart.

Giftigkeit

Sehr schmerzhafte Stiche mit der Gefahr kardialer und zentralnervöser Symptomatik. Das milchige, nach Meerrettich riechende Gift kann auch auf über einen Meter Distanz verspritzt werden und die Augen gefährden. Stechfreudige Art, mit der man vorsichtig umgehen muss.

Haltung und Zucht

Parabuthus villosus ist ein ausgesprochener Kannibale, den man außerhalb der Paarungszeit einzeln halten sollte. Die Abmessungen des Behälters sollten mindestens 20 × 20 × 20 cm (L

Kurz nach der Geburt seiner quittengelben Jungen frisst ein Weibchen von *Parabuthus villosus* nicht entwickelte Eier auf

Foto: D. Mahsberg

× B × H) betragen. Als Substrat wählt man eine etwa 10 cm hohe Sand- oder Sand-Lehm-Schicht; je nach Substrattiefe ist die Behälterhöhe entsprechend anzupassen. Als Versteck dienen die Spalten unter bzw. zwischen Steinplatten. Eine Trinkschale darf nicht fehlen. *Parabuthus villosus* ist gelegentlich auch tagaktiv.

Die Tiere benötigen Temperaturen von etwa 30 °C, die man nachts absenkt. Lokal kann ein Spot die Steine auf 35–40 °C erwärmen. Die relative Luftfeuchtigkeit sollte nachts ansteigen, was man erreicht, indem man ein Viertel der Bodenfläche leicht feucht hält. Damit erübrigt sich Übersprühen des Terrariums, was bei diesen an Trockenheit angepassten Skorpionen dann auch zu viel des Guten wäre.

Weibchen sind 3–4 Monate trächtig und bringen dann zwischen 30–60 Junge zur Welt, die als Larven auffällig zitronengelb gefärbt

sind. Nach der ersten Häutung muss man die Kleinen einzeln halten, da sie sich sonst gegenseitig fressen. Dank ihres schnell wirkenden Gifts können die stechfreudigen Jungen schon von Anfang an mit verhältnismäßig großen Insekten gefüttert werden.

Futter

Parabuthus villosus verzehrt alles, was er überwältigen kann, vom Heimchen bis zur Wanderheuschrecke.

Literatur

Taxonomie, Systematik, Verbreitung: Lamoral (1979), Sissom (1990), Leeming (2003). Ökologie, Verhalten: Harington (1982), Rein (1993). Haltung von *Parabuthus transvaalicus*: Molisani (2005); von *P. pallidus* und *P. villosus*: Wehner (2011).

Gattung *Tityus* C. L. KOCH, 1836

Geografische Verbreitung und Kennzeichen

Die mehr als 128 Arten dieser Skorpiongattung sind in ganz Mittel- und Südamerika sowie auf den Westindischen Inseln zu finden.

Der bei allen *Tityus* vorhandene Subakulearstachel ist insofern kein eindeutiges Merkmal, als solche Strukturen auch in der nah verwandten Buthidengattung *Centruroides* oder bei *Isometrus* sowie bei einigen Arten anderer Familien vorkommen können. Für die verlässliche Bestimmung der Gattung *Tityus* muss man vor allem die Trichobothrien sowie Merkmale der Scherenfingerzähne heranziehen.

Diese neotropischen Skorpione leben überwiegend unter äquatorialem Tageszeiten- bzw. tropischem Sommerregenklima.

Lebensraum

Tityus-Skorpione halten sich in Urwäldern, aber auch an Waldrändern oder in Savan-

Einer der an Skorpionen reichsten Lebensräume der Erde: Baja California in Mexiko
Foto: H. Werning

nengebieten auf, wo man sie unter umgestürzten Bäumen, im Laub, unter Steinen oder in Termitenbauten finden kann. Diese meist sehr agilen Tiere klettern gern und sind z. B. auch in Bananenstauden und Bromelien oder in Baumkronen anzutreffen.

Tityus obscurus KRAEPELIN, 1896

Größe

Diese mittelgroße Art wird 8–10 cm lang.

Tityus obscurus hieß bis vor Kurzem *T. paraensis*
Foto: M. Seiter

Äußere Merkmale

Von der dunkelbraunen Grundfärbung heben sich die Scherenspitzen und das Metasoma schwarz ab.

Giftigkeit

Sehr schmerzhafte Stiche mit kardialer und zentralnervöser Symptomatik. Bei der Haltung dieser Art sind alle sicherheitsrelevanten Maßnahmen unbedingt einzuhalten!

Haltung und Nachzucht

Der Behälter für ein Pärchen *T. obscurus* sollte 30 × 40 × 20 cm (L × B

× H) groß und mit einem Sand-Laub-Erde-Substrat beschickt sein. Als Verstecke dienen einige Rindenstücke. Wichtig ist eine Trinkschale.

Die Temperatur sollte tagsüber 30–35 °C betragen und in der Nacht bis auf etwa 25 °C absinken. Tägliches Überbrausen ergibt die nötige Luftfeuchtigkeit. Die Weibchen bringen einmal im Jahr etwa 30–50 Jungtiere zur Welt, die nach dem Verlassen der Mutter einzeln aufgezogen werden müssen.

Futter

Dieser Skorpion nimmt als Futter mittelgroße Heimchen und Grillen, kleine Wanderheuschrecken, Getreideschimmelkäfer und deren Larven, Asseln, Spinnen und Mehlwürmer an.

Tityus serrulatus Lutz & Mello, 1922

Größe

Mit 6–8 cm Gesamtlänge gehört dieser Skorpion zu den mittelgroßen Skorpionarten.

Äußere Merkmale

Pro- und Mesosoma dieser Art sind schwarz, Metasoma und Telson heller braun. Beine und Pedipalpen sind bis auf die dunklen Scherenfinger gelblich gefärbt.

Giftigkeit

Tityus serrulatus gilt als die giftigste Art Südamerikas und ist einer der gefährlichsten Skorpione überhaupt. Als Kulturfolger verursacht er jährlich viele schwere, oft auch tödliche Unfälle. Seine Stiche sind sehr schmerzhaft, mit kardialer und zentralnervöser Symptomatik, wobei in ernsten Fällen Antiserumgabe (intravenös) zu erwägen ist. Bei der Haltung dieser Art sind alle sicherheitsrelevanten Maßnahmen unbedingt einzuhalten!

Haltung und Nachzucht

In einem Terrarium von 20 × 30 × 20 cm (L × B × H) lassen sich zwei Tiere pflegen. Auf dem Sandboden sind einige Steine oder leicht gewölbte Rindenbrücken als Verstecke zu verteilen.

Tityus serrulatus sollte wegen seiner Gefährlichkeit nur von sehr erfahrenen Terrarianern gepflegt werden

Foto: M. Seiter

Die Haltungstemperatur sollte tagsüber 30–35 °C betragen und in der Nacht bis auf 25 °C absinken. Eine Trinkschale und einmaliges tägliches Übersprühen des Behälters garantieren die notwendige Feuchtigkeit. Von *T. serrulatus* sind bisher keine zweigeschlechtlichen Populationen bekannt, weshalb sich die Art wohl obligat parthenogenetisch fortpflanzt. Nach einer Tragzeit von über vier Monaten bringt das Weibchen etwa 20 Junge zur Welt, die folglich alle Schwestern sind.

Futter

Diese geschickten Jäger fangen an Wirbellosen alles, was sie überwältigen können.

Literatur

Taxonomie, Systematik, Verbreitung: Lourenço & Cuellar (1994), Lourenço (2002), Seiter (2011).

Familie Scorpionidae LATREILLE, 1802

Gattung *Heterometrus* EHRENBERG, 1828

Geografische Verbreitung und Kennzeichen

Diese Gattung ist mit 31 Arten über den gesamten Indischen Subkontinent (19 Arten einschließlich Sri Lanka), Südostasien und große Teile Indonesiens verbreitet. *Heterometrus*-Arten leben unter tropischen Sommerregenbedingungen bzw. äquatorialem Tageszeitenklima.

Während sowohl *Pandinus* als auch *Heterometrus* an der Unterseite der Metasomaringe I bis IV zwei Mittelkiele tragen (Merkmal der Unterfamilie Scorpioninae), hat *Heterometrus* mit insgesamt 48 Trichobothrien je Pedipalpus knapp die Hälfte weniger als *Pandinus*.

KOVAŘÍK (2004) revidierte die Gattung und erstellte einen bebilderten Bestimmungsschlüssel für die Arten.

Lebensraum

Die Arten dieser Gattung bevorzugen tropische Feucht- und Trockenwälder und deren Randgebiete. Sie kommen an bewaldeten Hügeln und Abhängen vor. Die Tiere leben unter umgestürzten Bäumen, unter loser Rinde, in Baumhöhlen, zwischen Wurzeln und im Falllaub. Sie nutzen natürliche Löcher oder graben selbst tiefe Baue, teils unter Steinen oder Baumwurzeln. Manche *Heterometrus*-Arten sind untereinander sehr verträglich und können in (Geschwister-) Gruppen gehalten werden, wobei Männchen mit der Zeit allerdings aggressiv werden und dann einzeln untergebracht werden müssen. Alle *Heterometrus*-Arten sind langlebig und können teils über zehn Jahre alt werden.

Literatur

Taxonomie, Systematik, Verbreitung: COUZIJN (1981), SISSOM (1990). Ökologie, Verhalten: HEMBREE (2011), NEMENZ & GRUBER (1967), MAHSBERG (2001).

Heterometrus cyaneus
(C. L. KOCH, 1836)

Lebensraum

Diese Art bewohnt tropische Waldgebiete auf Java, Sumatra und teils auch auf Borneo, wo sie in selbst gegrabenen oder übernommenen Höhlen unter Wurzeln, Fallholz usw. lebt und auch unter Rinde an Bäumen zu finden ist.

Größe

Heterometrus cyaneus ist ein mittelgroßer Skorpion von 10–12 cm Länge.

Äußere Merkmale

Die Tiere sind je nach Herkunft dunkelbraun bis schwarz gefärbt und glänzen dabei dunkel metallisch blau. Dieser Skorpion besitzt in beiden Geschlechtern sehr kräftige Scheren sowie ein relativ langes und dünnes Metasoma mit einer kleinen Giftblase.

Giftigkeit

Siehe *H. longimanus*

Haltung und Nachzucht

Angesichts der geringen innerartlichen Aggressivität lassen sich 3–4 Tiere in einem Terrarium von 30 × 30 cm Bodenfläche vergesellschaften. Der Bodengrund sollte aus einem Laub-Erde-Gemisch bestehen, auf dem man einige Rindenstücke als Versteckplätze verteilt.

Heterometrus cyaneus beansprucht tagsüber Temperaturen von 28–30 °C, die nachts bis auf 25 °C abgesenkt werden. Regelmäßiges Überbrausen sorgt für die nötige Feuchtigkeit. Eine flache Trinkschale darf nicht fehlen.

Bei der Paarung scheint das Weibchen die aktivere Rolle zu spielen. Etwa 10–12 Wochen später bringt es 20 bis 25 Jungtiere zur Welt, die noch 3–4 Wochen auf seinem Rücken ausharren. Ihre Aufzucht sollte in Gruppen aus 3–5 Tieren in Kleinstterrarien (Grundfläche etwa 10 × 10 cm) erfolgen. Als Erstfutter bietet man kleine *Drosophila* und frisch geschlüpfte Heimchen an. Etwa 14 Tage nach der ersten Häutung fressen die Jungen schon Große Fruchtfliegen.

Heterometrus fulvipes, ein sozialer Skorpion aus Indien
Foto: D. Mahsberg

Futter
Siehe *H. longimanus*

Heterometrus longimanus
(HERBST, 1800)

Größe
Manche Exemplare dieser Art können eine Länge von 12, maximal sogar 15 cm erreichen.

Äußere Merkmale
Die Tiere sind einheitlich schwarz oder dunkel olivgrün gefärbt, lediglich die große Giftblase hebt sich gelegentlich rötlich braun ab. Diese Skorpione besitzen große und kräftig gebaute Scheren, wobei die Scherenfinger der Männchen deutlich länger sind als die der Weibchen.

Wie bei allen Scorpionidae sind die Kammzähne der Männchen länger als die der Weibchen.

Giftigkeit
Die *Heterometrus*-Arten zählen zu den gering giftigen Skorpionen, deren Stich zwar momentan recht wehtun kann, aber keine systemischen Wirkungen verursacht.

Haltung und Nachzucht
Das Becken zur Pflege eines Paares sollte eine Größe von mindestens 20 × 30 × 20 cm (L × B × H) aufweisen.

Da die Tiere in der Natur auch in klei-

Bei diesem *Heterometrus* ist die weiße Haut der Afteröffnung gut zu sehen, die am Ende des fünften Metasomasegments mündet
Foto: R. Lippe

Heterometrus indus aus Sri Lanka, unmittelbar vor der Häutung

Foto: D. Mahsberg

Äußere Merkmale

Heterometrus scaber ist einfarbig matt oder glänzend schwarz. Seine Scherenhände sind bei beiden Geschlechtern gleich groß und kräftig.

Giftigkeit

Siehe *H. longimanus*

Haltung und Nachzucht

Diese Art benötigt geräumige Terrarien von etwa 40 × 30 × 20 cm (L × B × H). Neben Einzelhaltung lassen sich auch mehrere Tiere vergesellschaften. Bodengrund und Einrichtung siehe *H. longimanus*.

Über eine erfolgreiche Nachzucht liegen noch keine Angaben vor. Ein trächtig importiertes Weibchen brachte 35 Junge zur Welt. Sie wurden in Fünfergruppen auf Kleinstterrarien von 15 × 15 × 15 cm (L × B × H) verteilt. Als Substrat diente auch hier eine feucht gehaltene Laub-Erde-Mischung. Zunächst wurden kleine und große *Drosophila* gereicht, doch schon nach vier Wochen verzehrten die Jungskorpione auch kleine Heimchen.

Tagestemperatur um 28 °C, lokal bis 35 °C; Nachtabsenkung auf etwa 20–25 °C. Durch regelmäßiges Sprühen sollte man die Luftfeuchtigkeit möglichst hoch halten.

Futter

Siehe *H. longimanus*

nen Gruppen leben, z. B. in Termitenbauten, ist bei guter Fütterung auch eine Vergesellschaftung in einem großen Behälter möglich. Als Bodengrund eignet sich hier ein Sand-Laub-Erde-Gemisch, in dem diese Skorpione unter einer Wurzel oder einem Rindenstück ihre Höhlen graben. Das Substrat ist immer etwas feucht zu halten. Eine Trinkschale darf niemals fehlen.

Tagestemperatur um 28 °C, lokal bis 35 °C; Nachtabsenkung auf etwa 20–25°C. Durch regelmäßiges Sprühen sollte man die Luftfeuchtigkeit möglichst hoch halten.

Futter

Diese kräftigen Skorpione verzehren große Insekten wie Heimchen, Grillen, Wanderheuschrecken, große Schaben, Mehlwürmer und *Zophobas*-Larven, außerdem Regenwürmer und auch tote Beute.

Heterometrus scaber (THORELL, 1876)

Lebensraum

Tropische Wald- und Hügelhabitate, in natürlichen oder selbst gegrabenen Höhlen wie *H. longimanus*.

Größe

Ausgewachsene Exemplare können eine Gesamtlänge von 10–12 cm erreichen und gehören damit zu den größeren Skorpionen.

Heterometrus spinifer
(EHRENBERG, 1828)
Blauer Thai-Skorpion

Lebensraum

Diese Tiere besiedeln Kambodscha, Malaysia, Sri Lanka, Thailand und Vietnam, wo sie unter Totholz, Steinen etc. gefunden werden, aber vor allem auch eigene, komplexe Gang- und

Bei der Haltung von *Hetero-metrus spinifer* ist zu beach-ten, dass er einen ausrei-chend hohen Bodengrund benötigt
Foto: K. Kunz

Kammersysteme mit dreieckiger Öffnung anlegen. Die Gänge messen im Durchmesser 10 cm, die Kammern bis zu 15 cm, beide sind aber nur etwa 4 cm hoch.

Größe
Mit bis zu 13,5 cm Körpergröße handelt es sich um einen großen Skorpion.

Äußere Merkmale
Heterometrus spinifer ist schwarz. Zu den Seiten hin ist der Körper granuliert. Die Tiere besitzen 15–19 Kammzähne.

Giftigkeit
Siehe *H. longimanus*. *H. spinifer* kann bei Störung sehr aggressiv reagieren, setzt aber selten den Stachel ein.

Haltung und Nachzucht
Es handelt sich um eine der am häufigsten importierten und nachgezogenen Arten der Gattung. Ein Pärchen kann in einem Terrarium ab 40 × 30 × 30 cm (L × B × H) untergebracht werden, für eine Pflege in kleinen Gruppen ist das Becken entsprechend geräumiger zu wählen.

Wichtig ist ein tiefer, grabfähiger Bodengrund z. B. aus lehmiger, stets leicht feuchter, am besten bepflanzter bzw. bemooster Erde, auf der einige Korkrindenstücke liegen. Tagsüber sollten die Temperaturen 23–28 °C betragen, nachts etwa 22 °C. Eine Trinkschale und eine hohe Luftfeuchte sind für das Wohlbefinden der Tiere nötig. Die Vermehrung dieses Skorpions gelingt recht einfach.

Futter
Siehe *H. longimanus*

Heterometrus swammerdami
(SIMON, 1872)

Lebensraum
Die Art besiedelt tropische Wälder, wo sie in Höhlen unter umgestürzten Bäumen oder in Termitenbauten anzutreffen ist.

Größe
Heterometrus swammerdami gehört zu den größten Skorpionarten (Untergattungsname *Gigantometrus*!) und kann eine Länge von 14–17 cm erreichen.

Diesen asiatischen *Heterometrus swammerdami* kann man leicht mit seinem westafrikanischen Vetter *Pandinus imperator* verwechseln
Foto: W. Schmidt

Äußere Merkmale
Diese Art ist glänzend schwarz gefärbt; nur die Pedipalpen sind matt- schwarz. Im Verhältnis zur Gesamtgröße ist die Giftblase recht klein. Dafür hat *H. swammerdami* ausgesprochen breite und kräftige Scherenhände. Dieser Skorpion wird oft mit dem afrikanischen *Pandinus imperator* verwechselt, dem er sehr ähnlich ist.

Giftigkeit
Siehe *H. longimanus*. *Heterometrus swammerdami* kann mit seinen Scheren äußerst kräftig zwicken.

Haltung und Nachzucht
Bei dieser großen Art sollte das Terrarium mindestens 20 × 30 × 20 cm (L × B × H) groß sein. Einzelhaltung ist empfehlenswert. Als Substrat empfiehlt sich eine Laub-Erde-Mischung, die man zur Hälfte mit einer etwa 5 cm hohen Laubschüttung bedeckt, unter die sich die Tiere gern zurückziehen. Die Tagestemperatur von 28–32 °C kann nachts abgesenkt werden. Häufigeres Überbrausen der Einrichtung mit lauwarmem Wasser sorgt für ausreichend hohe Luftfeuchtigkeit. Über eine erfolgreiche Nachzucht ist bisher nichts bekannt. Nach RAO & HABIBULLA (1973) bekommt *H. swammerdami* in Indien zwischen Mai und Juli 48 und mehr Junge.

Futter
Siehe *H. longimanus*

Gattung *Opistophthalmus* C. L. KOCH, 1837

Geografische Verbreitung und Kennzeichen
Die derzeit 59 anerkannten Arten der Gattung besiedeln überwiegend Zentral- und vor allem Süd-Afrika. Es handelt sich um robust gebaute Tiere mit breiten, starken Scheren. Die Tiere reichen in ihrer Grundfärbung von Gelb über Braun bis hin zu Schwarz, wobei die Beine meist heller getönt sind.

Opistophthalmus wahlbergii
(THORELL, 1876)

Lebensraum
Das Herkunftsgebiet dieser Tiere ist durch ein trockenes Klima bestimmt. Sie besiedeln offene Savannen und Halbwüsten, wo sie bis zu 1 m tiefe und 1,5 m lange, oft gegen den Uhrzeigersinn spiralförmig in den Bodengrund verlaufende Bausysteme anlegen.

Größe
Mit einer Gesamtlänge von 9–11,6 cm zählt diese Art zu den mittelgroßen Skorpionen.

Herkunft und äußere Merkmale
Opistophthalmus wahlbergii stammt aus Namibia, Süd-Afrika, Angola, Botswana und Simbabwe. Die Art ist recht variabel gefärbt. Die Grundtönung reicht von einem bräunlichen

Opistophthalmus wahlbergii
ist farblich sehr variabel
Foto: M. Rempp

Orange bis zu Dunkelbraun und scheint herkunftsabhängig zu sein. Jungtiere sind stärker orange gefärbt als Adulte. Das Prosoma ist vorn heller, die Tergite des Mesosoma sind zum Körperende hin orange getönt. Die Giftblase ist hell, bis hin zu einem hellen Gelb, der Stachel dagegen ist braun. Die Beine und die kräftigen Pedipalpen erscheinen gelblich orange, die Scherenfinger braun. Weibchen besitzen 16–23 Kamm-zähne, Männchen 23–30. Wie alle Vertreter der Gattung besitzt auch diese Art die Fähigkeit, durch Aneinanderreiben der Cheliceren ein Zischen zu erzeugen (Stridulation).

Giftigkeit

Die Art gilt als nicht stark giftig, wenn ihr Stich auch schmerzhaft ist. Bei artgerechter Haltung flüchten die Tiere schnell in ihren Bau, wenn sie sich bedroht fühlen. In die Enge getrieben, stechen sie rasch zu.

Haltung und Zucht

Diese Art sollte strikt einzeln gehalten werden. Für ein Exemplar eignen sich Terrarien ab 30 × 30 × 30 cm (L × B × H). Wichtig für diese stark grabenden Tiere ist eine möglichst hoch eingefüllte Bodenschicht, beispielsweise aus Lehmerde ohne Sandzusätze. Zusätzlich bietet man Steine und Rindenstücke als Verstecke an. Um die Trinkschale herum hält man eine Ecke des Behälters leicht feucht, sonst sollte er trocken sein. Temperaturen von 25–35 °C tagsüber und nachts Zimmertemperatur bei geringer Luftfeuchte sind ratsam. Ab und an sollte man leicht sprühen.

Die Tiere leben sehr versteckt in ihrem Bau und lassen sich nur selten sehen. Männchen besitzen ein längeres und breiteres Metasoma als Weibchen sowie schlankere Scheren. Die Nachzucht ist nicht einfach, und selbst bei Jungtieren, die von trächtig importierten Weibchen geboren wurden, ist die Ausfallquote oft hoch – offenbar wissen wir noch nicht gut genug über die Lebensbedingungen dieser Skorpione Bescheid.

Futter

Diese Skorpione sind sehr genügsam und brauchen daher nicht oft gefüttert werden. Sie erhalten die üblichen Insekten.

Literatur

Taxonomie, Systematik, Verbreitung: HEWITT (1918), LAMORAL (1979), LEEMING (2003).

Gattung *Pandinus* THORELL, 1876

Geografische Verbreitung und Kennzeichen

Das Verbreitungsgebiet der 24 Arten dieser Scorpionidengattung umfasst Westafrika, Zentralafrika und Ostafrika und erreicht mit zwei Arten sogar den Yemen. Die meisten Arten leben im Osten des Verbreitungsgebiets. *Pandinus* kommt daher je nach Art unter äquatorialem Tageszeitenklima, tropischem Sommerregenklima oder subtropisch aridem Sommer- bzw. Winterregenklima vor.

Bekannt und taxonomisch gut fassbar sind die drei unter das Washingtoner Artenschutzübereinkommen fallenden *P. imperator*, *P. dictator* und *P. gambiensis* (siehe „Skorpione und Artenschutz"). Innerhalb der Scorpionidae sind die *Pandinus*-Arten am einfachsten über ihre hohe Trichobothrienzahl zu identifizieren (und dadurch z. B. von *Heterometrus* zu unterscheiden): 26 oder mehr Trichobothrien an der Scherenhand und 22 bis über 30 an der Pedipalpentibia (davon allein 13 an der Außenseite).

Literatur

Taxonomie, Systematik, Verbreitung: VACHON (1974), SISSOM (1990), LOURENÇO & CLOUDSLEY-THOMPSON (1996), PRENDINI et al. (2003), STRIFFLER (2011b). Verhalten und Ökologie: CASPER (1985), MAHSBERG (1990, 1998, 2001). Haltung: GARNIER (1974), KRAPF (1988b), ROLF (1998).

Pandinus cavimanus (POCOCK, 1888)
Rotscherenskorpion

Lebensraum

Diese Art aus der Demokratischen Republik Kongo, Kenia, Somalia und Tansania besiedelt überwiegend tropische Feuchtsavan-

Pandinus cavimanus wird meist aus den Savannen Kenias importiert
Foto: B. F. Striffler

nen. Sie kann unter Totholz gefunden werden, unter dem sie sich manchmal auch eingräbt.

Größe

Mit rund 9–12 cm Körperlänge bleibt der Rotscherenskorpion deutlich kleiner als der Kaiserskorpion und zählt zu den mittelgroßen Arten.

Äußere Merkmale

Das Prosoma ist oberseits rötlich braun und vorne rötlich, hinten gelbbraun gefleckt, Meso- und Metasoma erscheinen einheitlich braun, die Laufbeine gelblich braun. Die außen glatte Scherenbasis ist namensgebend rötlich, die Scherenfinger dagegen sind braun. 14–17 Kammzähne sind vorhanden.

Giftigkeit

Wie der Kaiserskorpion gilt auch der Rotscherenskorpion als gering giftig und wenig stechfreudig.

Haltung und Zucht

Für ein Exemplar sollte das Terrarium mindestens 40 × 30 × 30 cm (L × B × H) messen. Ein Erde-Lehm-Gemisch ist für diese Art mindestens in einer Höhe von 15 cm einzubringen, da die Tiere stark graben. Eine hohe Luftfeuchte von 70–80 % erhält man durch regelmäßiges Besprühen eines Teils der Bodenfläche, die man zusätzlich mit Moos bedecken kann. Verstecke z. B. in Form hohl liegender, flacher Steine oder Zierkorkstücke sind wichtig.

Die Geschlechter lassen sich recht einfach anhand der Scherenhand unterscheiden: Diese ist bei Männchen außen stark konkav, innen dagegen konvex. Im Gegensatz zum Kaiserskorpion ist der Rotscherenskorpion keine soziale Art, weshalb die Tiere einzeln gepflegt und nur zur Verpaarung vergesellschaftet werden sollten. Auch die meist rund 10–20 Jungen pflegt man am besten separat, wenn man Verluste vermeiden möchte.

Futter

Die Tiere leben recht inaktiv in ihrem Versteck und brauchen daher wenig Nahrung. Mit ihren kräftigen Scheren können sie aber auch große Beute wie Grillen, Heuschrecken und Schaben problemlos überwältigen.

Pandinus imperator
(C. L. Koch, 1841)
Kaiserskorpion

Lebensraum

Der Kaiserskorpion bewohnt Busch-, Baum- und Gras-Savannen, Savannen- und Galeriewälder sowie Regenwaldgebiete. Sein Verbrei-

Subadulter Kaiserskorpion (*Pandinus imperator*) im Comoé-Nationalpark/Elfenbeinküste
Foto: D. Mahsberg

Hier wohnt der Kaiser:
Lebensraum des Kaiserskorpions (*Pandinus imperator*)
im Primärwald des Tai-
Nationalparks/Elfenbeinküste
Foto: D. Mahsberg

tungsgebiet zeichnet sich durch tropisches Sommerregen- bzw. äquatoriales Tageszeitenklima aus. Er lebt in übernommenen oder selbst gegrabenen Erdhöhlen, die bis in 30 cm Tiefe reichen und sich je nach Gruppengröße auch verzweigen können. Häufig findet man ihn auch unter umgestürzten Baumstämmen oder unter großen Steinbrocken, gelegentlich aber auch in Mannshöhe in Baumhöhlen. Kaiserskorpione benutzen auch die bodennahen Luftschächte in den zerklüfteten Bauten abgestorbener Großtermitenkolonien als Versteck. Als typische Ansitzjäger verlassen sie ihre Höhlen selten. *Pandinus imperator* ist eine der wenigen sozial lebenden Skorpionarten. Er kann über zehn Jahre alt werden.

Größe

Mit einer Gesamtlänge bis 20 cm und einem durchschnittlichen Gewicht von 20–30 g gehört der Kaiserskorpion zu den größten Skorpionarten.

Äußere Merkmale

Die glänzend lackschwarzen Tiere schimmern je nach Beleuchtung metallisch blau bis dunkelolivgrün. *Pandinus imperator* besitzt sehr große und breite Scherenhände (wobei die der Weibchen breiter sind), mit denen er auch harte Käfer und Tausendfüßer festzuhalten und zu töten vermag. Sein Körper wirkt massig und je nach Ernährungszustand bzw. bei trächtigen Weibchen auch recht breit. Am kräftigen Metasoma sitzt ein bei Adulten rotbraun gefärbtes Telson (bei Jungtieren ist es weiß), das Erbsengröße erreichen kann.

Giftigkeit

Wegen ihres schwachen Gifts sind die *Pandinus*-Arten zu den gering giftigen Skorpionen zu zählen, deren Stich zwar kurzzeitig schmerzen kann, aber keine systemischen Wirkungen verursacht. Außerdem sind besonders adulte Tiere sehr stechfaul und setzen eher die kräftigen Scheren zur Verteidigung ein.

Haltung und Zucht

Ein Behälter zur Pflege mehrerer Kaiserskorpione sollte die Maße von 60 × 30 × 30 cm nicht unterschreiten. Eine Gemeinschaftshaltung ganzer Familienverbände (Mutter mit Jungen) verlief in Terrarien von 80 × 40 × 40 cm (L × B × H) über Jahre erfolgreich. Diese sozialen Skorpione lassen sich in Gruppen halten, da Kannibalismus selten vorkommt, selbst wenn die Tiere „knapp" gehalten werden oder sich häuten. Mit dem Zusammensetzen fremder Individuen sei man aber vorsichtig, da diese Skorpione „fremd" bzw. „bekannt" am Geruch erkennen. Eine Eingewöhnungszeit im selben Behälter, aber bei vorhandener Drahtgazetrennwand, kann Kämpfe vermeiden helfen.

Trächtige Weibchen sollte man von anderen Tieren isolieren oder ausreichend viele Versteckplätze anbieten. Weibchen verteidigen Höhle und Neugeborene gegen Artgenossen, verletzen diese dabei aber selten ernsthaft. Ab dem vierten oder fünften Entwicklungsstadium sollte man Brüder von ihren Schwestern trennen, um Inzuchtverpaarungen zu vermeiden.

Als Bodengrund für das *Pandinus*-Terrarium eignet sich ein grabfähiges Sand-Erde-Gemisch. Unter flachen Steinplatten, Wurzelstrünken und gewölbten Korkeichenrindenstücken finden diese Skorpione bei ausreichend tiefem Substrat gute Möglichkeiten, ihre Höhlen anzulegen. Man achte aber darauf, dass schwere Einrichtungsgegenstände beim Unterhöhlen nicht einstürzen und Skorpione erdrücken können. Eine auslaufsichere, flache Trinkschale darf nicht fehlen.

Setzt man ein Pärchen Kaiserskorpione zusammen, sollte man zunächst mit zwei kräftigen Pinzetten bewaffnet bereitstehen, um die Tiere bei „Nichtgefallen" wieder trennen zu können. Meist beginnt das Männchen aber unmittelbar mit dem Balzverhalten, „tanzt" mit seiner Partnerin, sticht sie gelegentlich in den Pedipalpus und setzt schließlich seine Spermatophore auf einem Stück Rinde, einem

Subadulter Kaiserskorpion (*Pandinus imperator*) wehrt eine afrikanische Stinkameise ab
Foto: D. Mahsberg

Stein o. Ä. ab. Nach der Spermienaufnahme durch das Weibchen trennen sich die Partner schnell.

Nach meist monatelanger Tragzeit (im Durchschnitt etwa ein Jahr) bringt das Weibchen 10–30 Junge zur Welt, die es noch etwa zwei Wochen auf dem Rücken mit sich herumträgt. Man kann kleine Kaiserskorpione nach der ersten Häutung ohne Weiteres bei der Mutter lassen, an deren Mahlzeiten sie sich beteiligen. Da das Weibchen z. B. eine gefangene große Heuschrecke bei Anwesenheit der sich sofort um sie versammelnden Jungen ablegt und selbst kaum daran frisst, sollte man bei langer Mutter-Jungtier-Gemeinsamkeit darauf achten, dass das Weibchen nicht zu stark an Gewicht verliert und eventuell sogar verhungert.

Futter

Kaiserskorpione sind bereits im zweiten Stadium in der Lage, mittelgroße Heimchen, kleine Schaben usw. zu fangen. Diese Skorpione erbeuten im Terrarium alles, was sie überwältigen können, von Grillen, Heimchen, Mehlwürmern, *Zophobas*-Larven und -Käfern bis hin zu Wanderheuschrecken und Schaben (sogar adulte Fauchschaben). Sehr gerne werden trotz ihrer Wehrsekrete auch Tausendfüßer aller Größe gefressen (z. B. leicht züchtbare afrikanische Spirostreptiden). *Pandinus imperator* nimmt auch frisch tote Beute, was das Füttern von Jungtieren erleichtern kann. Leider kann man ihnen im Terrarium ihre „Leibspeise" nicht bieten: die Geschlechtstiere von Großtermiten der Gattung *Macrotermes*.

Gattung *Scorpio* Linné, 1758

Knapp ein Dutzend der einst über 50 Unterarten von *Scorpio maurus* haben inzwischen Artstatus (siehe z. B. Striffler 2011c).

Scorpio maurus Linné, 1758

Geografische Verbreitung und Kennzeichen

Scorpio maurus kommt neben dem etwas dunkleren *S. punicus* in Tunesien vor. Er lebt unter mediterranen Winterregenbedingungen bzw. unter subtropisch-aridem Klima.

Scorpio ist als Gattung der Unterfamilie Scorpioninae nahe mit *Pandinus*, *Heterometrus* und *Opistophthalmus* verwandt.

Der dunkelbraune *Scorpio maurus fuscus* aus Galiläa/Israel lebt in selbst gegrabenen Höhlen, kommt aber auch unter großen Steinen vor
Foto: D. Mahsberg

Mit der letzten Gattung teilt *Scorpio* das Fehlen von Stridulationsstrukturen auf den Hüften der Pedipalpen und der ersten Laufbeine (was allerdings nicht leicht zu erkennen ist), hat im Gegensatz zu *Opistophthalmus* aber nur 19 Trichobothrien auf der Tibia des Pedipalpus (13 externe, 2 interne, 3 ventrale, ein dorsales).

Lebensraum

Scorpio maurus besiedelt lichte Wälder sowie Halbwüsten- und Wüstengebiete, sofern sie Vegetation aufweisen. Er kommt auf allen Bodentypen vor, ist auf gut grabfähigem Lehm-Löss-Substrat aber besonders häufig anzutreffen. Als obligater Höhlenbewohner gräbt er (oft unter großen Steinen) schräg in den Boden führende Gänge, die bis zu 1 m lang sein können und einen halbmondförmigen Eingang besitzen. Winterregen schwemmen die Eingänge zu, die dann erst im Frühjahr wieder geöffnet werden. Diese Verstecke werden lebenslang beibehalten und „wachsen mit".

Größe

Die Art erreicht eine Gesamtlänge von 6–8 cm und gehört damit zu den mittelgroßen Skorpionen.

Äußere Merkmale

Der Körper von *Scorpio maurus* ist glänzend hell- bis rotbraun gefärbt (Männchen sehen matter aus als Weibchen). Die Beine sind immer deutlich heller abgesetzt. Die im Verhältnis zum Körper äußerst breiten, dorsal gerundeten und kräftigen Scherenhände sind an den Fingerspitzen dunkelrotbraun. Die Scherenhände der Männchen wirken gedrungener als die der Weibchen. Das Metasoma ist wie auch der Stachel relativ kurz. In der Gattung *Scorpio* gibt es neben hellen Vertretern auch dunkelbraune bis fast schwarze (z. B. *Scorpio m. fuscus*, Zentral- und Nord-Israel, oder *Scorpio mogadorensis*, Marokko).

Giftigkeit

Scorpio maurus ist wenig stechfreudig und zählt zu den gering giftigen Skorpionen. Sein Stich ist mit dem einer Biene zu vergleichen und hat keine systemischen Wirkungen. Dafür kann er mit seinen starken Scheren kräftig zwicken.

Scorpio maurus palmatus, ein Bewohner der Negev-Wüste Israels
Foto: D. Mahsberg

Haltung und Nachzucht

Eine Gruppe von 2–3 Tieren kann man in einem Terrarium von 20 × 20 × 30 cm (L × B × H) halten. Allerdings sollte man sofort auf Einzelhaltung umstellen, wenn Unverträglichkeiten auftreten, da sich *S. maurus* mit den Scheren gegenseitig schwer verletzen können.

Ein heller *Scorpio* sp. mit Jungen aus Marokko; früher hätte man ihn als *S. maurus* bestimmt ...
Foto: K. E. Linsenmair

Wichtig ist grabfähiger Boden (Lehm-Sand-Gemisch) von 10–20 cm Tiefe. Man kann im leicht angefeuchteten Substrat mit einem kleinen Löffelstiel für jedes Tier einen leicht schrägen Höhlengang vorgraben, der meist sofort angenommen wird. *Scorpio maurus* ist ein Bodenskorpion, der sich außerhalb seiner Höhle sehr unwohl fühlt und dann dauernd in Abwehrstellung geht. Neben einigen flachen Steinen als zusätzlichem Unterschlupf ist eine Trinkschale wichtig. Obwohl diese Skorpione vorwiegend in ariden Gebieten leben, sind sie austrocknungsempfindlich und verdursten, wenn man sie zu warm und zu trocken hält. Das Substrat sollte daher von unten immer leicht feucht sein.

Als Haltungstemperatur empfehlen sich tagsüber 30–35 °C. Eine Nachtabsenkung auf 20–25 °C ist angebracht; in Winterregengebieten (dem vorherrschenden Klima, unter dem diese Art lebt) überwintern die Tiere bei 10–15 °C in ihrer Höhle.

Sein Versteck verlässt *S. maurus* meist nur zum Auswandern aus der Geburtshöhle und zur Paarung. Im Frühjahr suchen die Männchen Weibchenhöhlen auf. Nach einer Trächtigkeitsperiode von 2–3 Monaten bringen die Weibchen im Sommer weniger als zehn oder auch über 40 Junge zur Welt. Sobald diese den Rücken der Mutter verlassen, sind sie auf Kleinstterrarien zu verteilen, in denen man im Substrat kleine Bodenhöhlen anlegt (z. B. durch schräges Einbohren eines Bleistifts). Jungen *S. maurus* kann man neben den üblichen Kleininsekten auch junge Asseln oder kleine Ameisen als Futter anbieten – dabei aber Vorsicht, nicht gefressene Tiere entfernen!

Futter

Als Futtertiere eignen sich Heimchen, Grillen, Schaben, halbwüchsige Wanderheuschrecken, Mehlwürmer, Käfer, Ameisen und Asseln.

Literatur

Taxonomie, Systematik, Verbreitung: VACHON (1952), LEVY & AMITAI (1980), SISSOM (1990), STRIFFLER (2011c). Ökologie, Verhalten: SHACHAK & BRAND (1983).

Familie Ischnuridae SIMON, 1879

Gattung *Hadogenes* KRAEPELIN, 1894

Geografische Verbreitung und Kennzeichen

Diese Altweltskorpione besiedeln mit zwölf Arten Südafrika, Namibia, Botswana, Simbabwe, Mosambik und Madagaskar. Sie leben in Gebieten mit tropischem Sommerregen, v. a. aber unter subtropischem Wüstenklima.

Hadogenes spp. sind ausgesprochen platt aussehende Tiere, die sich trotz ihrer Größe auch in enge Spalten zwängen können. Bei manchen Arten ist der schlanke Schwanz unverhältnismäßig kurz (z. B. bei *H. tityrus*), bei anderen dagegen äußerst lang (z. B. bei *H. phyllodes* oder *H. troglodytes*). Wegen längerer Metasomasegmente ist der „Schwanz" der Männchen länger als der weiblicher Tiere (s. a. „Geschlechtsunterschiede und Zucht").

Das Telson ist vergleichsweise klein und flach. Manche *Hadogenes*-Arten besitzen weit mehr als 100 Trichobothrien pro Pedipalpus, wobei die meisten Haare an der Tibiaaußenseite und der Unterseite der Scherenhand zu finden sind (vergleiche die Ischnuridengattung *Opisthacanthus* mit nur 48 Trichobothrien). Auch wegen ihrer innerartlichen Variabilität sind *Hadogenes*-Arten nicht leicht zu bestimmen. Sie werden oft mit Skorpionen anderer Familien (z. B. der Scorpionidae) verwechselt.

Lebensraum

Die Arten der als „Felsskorpione" bekannten Gattung *Hadogenes* kommen in steinigen und felsigen Lebensräumen vor, die mäßig feucht bis wüstenhaft trocken sein können.

Von den etwa 60 Skorpionarten der vielfältigen Landschaft Namibias leben viele unter Steinen

Foto: D. Mahsberg

In Südafrika findet man diese Skorpione oft an Südhängen in tiefen Felsspalten unter großen Steinplatten. Auch flache Steine oder Baumrinde nehmen sie als Verstecke an. In den Trockengebieten Madagaskars findet man unter loser Rinde und häufig auch im Bast von Palmenblättern *Heteroscorpion opisthacanthoides*, der mit einer weiteren Art der Gattung in den Familienrang Heteroscorpionidae erhoben wurde.

Hadogenes bicolor PURCELL, 1899
Dünnschwanzskorpion

Größe
Hadogenes bicolor wird 17–20 cm lang und gehört damit zu den größten Skorpionarten.

Äußere Merkmale
Körper und Scheren sind dunkelrotbraun, Beine und Metasoma hingegen heller braun gefärbt. Die großen und kräftigen Scheren sind schwarz umrandet, die Spitzen der Scherenfinger sind ebenfalls schwarz. Pedipalpen und Metasoma sind dicht mit langen, dünnen Haaren besetzt.

Giftigkeit
Wegen ihres schwachen Gifts sind die *Hadogenes*-Arten zu den gering giftigen Skorpionen zu zählen, deren Stich zwar momentan recht wehtun kann, aber keine systemischen Wirkungen verursacht.

Haltung und Nachzucht
Ein Pärchen von *H. bicolor* benötigt ein Trockenterrarium mit den Abmessungen 40 × 30 × 30 cm (L × B × H). Als Substrat dient eine Sand-Erde-Laub-Mischung, wobei einige flache Steine, ein grobrindiges Aststück und eine Trinkschale die Einrichtung ergänzen.

Weibchen des Dünnschwanz-
oder Spaltenskorpions,
Hadogenes bicolor
Foto: W. Schmidt

Männchen des Dünn-
schwanz- oder Spaltenskorpions *Hadogenes bicolor*.
Man beachte die im Vergleich
zum Weibchen ungewöhnlich
langen Metasomasegmente.
Foto: R. Lippe

Hadogenes trichiurus,
Südafrika
Foto: W. Schmidt

Als Haltungstemperatur empfehlen sich tagsüber 28–30 °C (Nachtabsenkung auf 22 °C).
Die Fortpflanzungsbereitschaft wird durch
eine Überwinterung bei 10–15 °C gefördert.
Im Frühjahr paaren sich die Tiere. Im Spätsommer kommen bis zu 50 Junge zur Welt.
Ihre Aufzucht erfolgt einzeln in kleinen Haus-
haltsdosen.

Futter
Hadogenes bicolor ernährt man mit Heimchen,
Grillen, Wanderheuschrecken, Schaben, Mehlwürmern und *Zophobas*-Larven sowie hart-
schaligen Käfern - diese aus kargen Biotopen
stammenden Tiere sind nicht wählerisch.

Hadogenes trichiurus
(GERVAIS, 1843)

Größe
Diese Art erreicht eine Gesamtlänge von 10–
12 cm.

Äußere Merkmale
Diese sehr variable Art ist *H. bicolor* ähnlich, besitzt aber ein dunkelrotbraunes bis schwarzes
Metasoma mit hellbrauner Giftblase. Die Scheren
sind kräftiger, der Körper ist insgesamt massig.
Metasoma und Scheren sind weniger stark behaart.

Giftigkeit
Siehe *H. bicolor*

Haltung und Nachzucht
Über eine erfolgreiche Vermehrung dieser Art
ist nichts bekannt.

Futter
Siehe *H. bicolor*

Literatur
Taxonomie, Systematik, Verbreitung, Ökologie: HEWITT (1918), LAMORAL (1979), SISSOM
(1990), LEEMING (2003).

Gattung *Iomachus* POCOCK, 1893

Geografische Verbreitung

Diese Gattung ist mit fünf Arten in Indien sowie in Ost- und Zentral-Afrika verbreitet.

Iomachus politus POCOCK, 1896

Geografische Verbreitung und Kennzeichen

Die Art lebt in Äthiopien, Kenia, Tansania und Uganda. Der mittige Teil des glatten, rötlich braunen Prosoma ist dunkler gefärbt, ebenso die Pedipalpen. Das Mesosoma ist ebenfalls rötlich braun und glatt. Das braune Metasoma ist kurz, der Stachel an der Basis rötlich, an der Spitze dagegen schwarz. Die Laufbeine sind heller bräunlich bis dunkel bräunlich gelb. Die Kämme tragen 9–11 Zähne.

Lebensraum

Die bodenlebenden Tiere besiedeln Verstecke in feuchten, tropischen Bergwäldern ebenso wie in Steppen.

Größe

Diese Art wird bis zu 5 cm lang.

Giftigkeit

Iomachus politus zählt zu den gering giftigen Skorpionen, ist sehr friedlich und reagiert selbst bei Störung nicht aggressiv.

Haltung und Nachzucht

Die Tiere sollten in einem Terrarium ab 20 × 20 × 20 cm (L × B × H) gehalten werden. In größeren Becken mit reicher Strukturierung lassen sich auch mehrere Exemplare gemeinsam pflegen. Die Einrichtung besteht aus leicht feuchtem Moos mit aufgelegten Rindenstücken und einer Trinkgelegenheit. Auch ein völlig trockenes Versteck

Iomachus politus
Foto: K. Kunz

sollte angeboten werden. Temperaturen von tags 25–28 °C und nachts 20 °C sind angebracht.

Für die Nachzucht wichtig zu wissen ist, dass adulte Männchen viel längere und schlankere Scheren als die Weibchen besitzen. Die Nachzucht gelingt recht einfach, doch kann die Tragzeit über zwölf Monate betragen, ehe rund ein Dutzend Jungtiere abgesetzt wird. Diese sind sehr pflegeleicht, die Aufzucht bereitet keine Probleme.

Futter
Grillen, Heimchen und ähnliche Insekten entsprechender Größe.

Literatur
Taxonomie, Systematik: STRIFFLER (2001).

Gattung *Opisthacanthus* PETERS, 1861

Geografische Verbreitung und Kennzeichen

Das Siedlungsgebiet dieser 19 Arten zählenden Skorpiongattung ist wenig zusammenhängend. Schwerpunkt der Verbreitung sind die Neotropen (nördliches Süd- und Mittelamerika, Westindische Inseln und Florida). Außerdem kommen Arten in Äquatorial- und Südafrika sowie auf Madagaskar vor. Die Gattungsvertreter leben unter äquatorialem Tageszeitenklima oder unter tropischem Sommerregenklima.

Unter den Ischnuriden zeichnen sich die *Opisthacanthus*-Arten durch 48 Trichobothrien je Pedipalpus aus – es sind also im Gegensatz z. B. zu *Hadogenes* keine zusätzlichen, vom Grundmuster abweichenden Trichobothrien vorhanden. Auf der Tarsensohle stehen keine Haare, sondern kurze, kräftige Dornen. Nicht leicht zu erkennen sind die beiden parallel verlaufenden Reihen kleiner Zähnchen auf der Schneidekante der beweglichen Scherenfinger.

Lebensraum
Opisthacanthus hält sich bevorzugt in Wäldern oder an Waldrändern auf, wo er sich unter Laub, Steinen oder unter Baumrinde verborgen hält oder Termitenbauten bewohnt.

Opisthacanthus sp.

Größe
Diese Skorpione zählen mit einer maximalen Gesamtlänge von 10–12 cm zu den mittelgroßen Arten.

Äußere Merkmale
Von der grauschwarzen Grundfarbe heben sich die dunklen, rotbraunen Beine und die hellbraune Giftblase ab. Die Art besitzt dicke, kurze, aber kräftige Scheren und ein schlankes Metasoma mit kleiner Giftblase.

Giftigkeit
Opisthacanthus-Arten sind zu den gering giftigen Skorpionen zu zählen, deren Stich zwar kurzzeitig schmerzen kann, aber keine systemischen Wirkungen verursacht.

Haltung und Nachzucht
Es können mehrere Exemplare gemeinsam gepflegt werden (in der Gattung gibt es vermutlich mehrere soziale Arten). Für eine Gruppe von 3–4 Exemplaren genügt ein Terrarium von 30 × 30 × 30 cm (L × B × H). Als Substrat verwendet man ein Erde-Sand-Laub-Gemisch. Hinzu kommen ein grobrindiges Aststück, einige flache Steine und eine Trinkschale.

Dank seiner nur schwach ausgeprägten innerartlichen Aggressivität ist dieser Skorpion gut für die Gemeinschaftshaltung geeignet. Man sollte die Einrichtung häufiger übersprühen, da die Tiere recht empfindlich auf Austrocknung reagieren. Ihre Vorzugstemperatur liegt bei 28–30 °C; in der Nacht sollten die Werte auf 25 °C abfallen. Über eine erfolgreiche

Opisthacanthus-Arten besitzen ein im Vergleich zu den Scherenhänden schwaches Metasoma
Foto: L. Lippe

Nachzucht ist nichts bekannt. *Opisthacanthus*-Arten sind langlebige Skorpione, die wohl meist erst mit zwei Jahren geschlechtsreif werden.

Futter

Gefüttert werden diese Tiere mit mittelgroßen Heimchen und Grillen, Mehlwürmern, jungen Wanderheuschrecken usw. Erwachsene Exemplare erhalten nur etwa einmal in der Woche so viel Nahrung, wie sie auch tatsächlich in einer Nacht fressen können. Überzählige Futtertiere – besonders die wehrhafteren – sollten wieder aus dem Terrarium entfernt werden.

Literatur

Taxonomie, Systematik, Verbreitung, Postembryonalentwicklung: SISSOM (1990), LOURENÇO (1991), LEEMING (2003).

Familie Euscorpiidae LAURIE, 1896

Gattung *Euscorpius* THORELL, 1876 (vormals Chactidae LAURIE, 1896)

Geografische Verbreitung und Kennzeichen

Die Gattung *Euscorpius* zeichnete sich lange durch zahlreiche Unterarten mit unklaren Verbreitungsgrenzen aus. Vor allem durch Vergleiche molekularer Merkmale geht man für Mitteleuropa aktuell von 17 „echten" Arten der Gattung aus (FET 2010, STRIFFLER 2011d), die über einen Großteil des Mittelmeerraums – vom ehemaligen Jugoslawien über Italien, Südfrankreich und Spanien bis nach Nordafrika – sowie im Mittleren Osten und Zentralasien verbreitet sind. In Mitteleuropa erreicht *Euscorpius* Niederösterreich. Immer wieder unbemerkt im Touristengepäck mitreisende *Euscorpius* – wohl meist *E. flavicaudis* und *E. italicus* – könnten durchaus zu Gründern einer Population in Deutschland wer-den (oder wurden sie es unbemerkt viel-leicht schon?). Vorkommen in Süd-England (*E. flavicaudis*) sowie Nachweise auch von außereuropäischen Handelsplätzen gehen auf Verschleppungen durch den Menschen zurück. *Euscorpius* lebt unter warm temperiertem bzw. mediterranem Winterregenklima.

Die kleinwüchsigen *Euscorpius*-Arten werden häufig im Terrarium gehalten und dort auch immer wieder zur Fortpflanzung gebracht. Die Giftblase der Männchen ist sehr viel größer als die von Weibchen. Gerade wegen der Beliebtheit dieser Skorpione sollten die für manche Arten geltenden Schutzbestimmungen berücksichtigt werden (siehe „Skorpione und Artenschutz"). Eine Unterscheidung der *Euscorpius*-Arten anhand externer Merkmale ist über das Trichobothrienmuster möglich.

Euscorpius italicus (HERBST, 1800)

Lebensraum

Dieser Skorpion kommt natürlicherweise an grasbewachsenen Hängen vor, die ganztägig von der Sonne beschienen werden, geht aber kaum auf Höhen über 500 m. Er schätzt trockene Felswände und Natursteinmauern. Laut FET et al. (2005) findet man *E. italicus* fast nur noch in und um menschliche Behausungen, von wo aus die Art oft verschleppt wird.

Größe

Mit bis zu 5 cm Gesamtlänge ist *E. italicus* nicht der kleinste Vertreter seiner Gattung, insgesamt aber eine der kleinen Skorpionarten.

Äußere Merkmale

Bis auf die honiggelben Beine und das Telson ist der Körper kastanienbraun. Die Scherenhände sind deutlich breiter als das Metasoma und oberseits abgeflacht, wie auch der gesamte Körper sehr flach wirkt. *Euscorpius italicus* trägt auf der Unterseite der Scherenhand bzw. der Scherentibia eine Reihe von 6–9 bzw. 12–13 Trichobothrien (keine andere Art der Gattung besitzt so viele an der Scherenhand).

Giftigkeit

Wegen ihres schwachen Gifts sind die *Euscorpius*-Arten zu den ungefährlichen Skorpionen zu zählen. Falls der Stachel die Haut überhaupt durchdringt, schmerzt es nur kurz („Bienenstichsymptome").

Haltung und Nachzucht

Ein Terrarium von 30 × 20 × 20 cm (L × B × H) reicht für eine Gruppe von fünf oder sechs Tieren aus, wenn man ausreichend viel füttert und so Kannibalismus vorbeugt. Ansonsten sind diese Skorpione sehr verträglich.

Der Bodengrund kann aus Sand oder einem Laub-Erde-Gemisch bestehen, das man an einer Stelle etwas feuchter hält und dort auch mit Verstecken versieht. Obwohl diese Skorpione in der Natur gerne trockene Stellen aufsuchen, sterben sie bei zu trockener Terrarienhaltung schnell. Eine Trinkschale bzw. ein Trinkschwamm sollte daher immer vorhanden sein. Als Versteckmöglichkeiten eignen sich flache Steine, Rindenstücke, hohle Pflanzenstängel usw. *Euscorpius* schätzt enge Ritzen, die man reichlich anbieten sollte.

Wenn die Tiere bei Zimmertemperatur gehalten werden, kann man auf eine Terrarien-

Euscorpius italicus
mit Jungen
Foto: W. Schmidt

heizung verzichten. Ein Strahler, der tagsüber Boden und Versteck lokal auf 24–28°C erwärmt, kommt diesen Südeuropäern entgegen. Eine zwei- bis dreimonatige frostfreie Überwinterung (5–10°C) sollte unbedingt eingehalten werden.

Die Balz von *E. italicus* läuft nach dem für Skorpione üblichen Muster ab. Weibchen mit Jungen sollte man isolieren, da sich besonders Männchen gerne an diesen vergreifen und sie auffressen. Sobald die Kleinen vom Rücken des Muttertieres abgestiegen sind, zieht man sie einzeln in Kleinstterrarien auf. Als Erstnahrung eignen sich Springschwänze und kleine flugunfähige *Drosophila*; später können kleine Heimchen oder Grillen verfüttert werden.

Futter
Ihrer Größe entsprechend verzehren die Tiere mittelgroße Heimchen oder Grillen, kleine Heuschrecken und Mehlwürmer. *Euscorpius* frisst auch gerne Asseln und Spinnen.

Literatur
Taxonomie, Systematik, Verbreitung: VACHON (1952), KINZELBACH (1982), SISSOM (1990), BELLMANN (1997), BRAUNWALDER & TSCHUDIN (1997), BRAUNWALDER (2005), FET et al. (2004, 2006), STRIFFLER (2011d). Allgemeine Biologie, Verhalten, Ökologie: ANGERMANN (1955, 1957), BENTON (1991, 1992a, b, 2001), BRAUNWALDER (2005), TIETZ (2007).

Familie Bothriuridae SIMON, 1880

Gattung *Bothriurus* PETERS, 1861

Geografische Verbreitung und Kennzeichen
Die 33 Arten dieser Gattung besiedeln fast ganz Südamerika von südlich des Amazonas bis Süd-Argentinien. Sie leben unter äquatorialem Tageszeiten- bzw. tropischem Sommerregenklima, können aber auch in trockeneren Klimaten vorkommen.

Die Scherenhände sind so breit wie oder wenig breiter als das Metasoma. Auf der Unterseite des fünften Metasomarings ist eine bogenförmige Körnerreihe zu sehen. Männchen tragen an der Basis des unbeweglichen Scherenfingers einen nach innen weisenden Dorn (Apophyse) und besitzen am Telson eine ausgeprägte Dorsaldrüse.

Bothriurus keyserlingi POCOCK, 1893

Lebensraum
Diese Art bewohnt die Dornbusch-Zone der Küstenkordillere und den trockenen Küstenwald Zentral-Chiles.

Größe
Die Tiere erreichen knapp 5 cm Länge.

Äußere Merkmale
Bothriurus keyserlingi ähnelt stark *B. coriaceus*, ist aber besonders an den Pedipalpen sowie an Metasoma-Segment V stärker granuliert sowie außerdem insgesamt dunkler gefärbt. Außerdem sind die Sternite von *B. keyserlingi* völlig pigmentiert oder zumindest gefleckt, bei *B. coriaceus* dagegen unpigmentiert. Die Tiere wirken insgesamt rötlich braun bis dunkelbraun oder sogar schwärzlich. Die Scherenhände sind dunkel rötlich braun, mit großen dunkleren Flecken.

Weibchen besitzen 12–16 Kammzähne, Männchen 15–20. Die Scherenhände von Männchen sind außerdem verdickt.

Giftigkeit
Die Art gilt als nicht gefährlich giftig.

Haltung und Nachzucht
Ein Terrarium mit einer Grundfläche von 30 × 20 cm genügt für ein Exemplar. Als Bodengrund eignet sich ein Erde-Sand-Gemisch, auf dem

Bothriurus keyserlingi
Foto: K. Kunz

Rindenstücke als Versteckmöglichkeiten liegen. Zwar sollten die Tiere trocken gehalten werden, jedoch ist ein oder zweimal pro Woche leicht zu sprühen. Die Temperaturen dürfen nicht zu hoch steigen, 22–23 °C scheinen ideal zu sein.

Die Nachzucht gelang noch nicht häufig. Die Jungen sind sehr klein und daher etwas schwierig aufzuziehen.

Futter
Die Art verzehrt kleine Heimchen, Grillen, Wanderheuschrecken, Schaben und Mehlwürmer.

Literatur
Taxonomie, Systematik, Verbreitung: MATTONI & ACOSTA (2006).

Bothriurus vittatus
(GUÉRIN MÉNEVILLE, 1838)

Lebensraum
Die Tiere bewohnen dicht bewaldete Landstriche Chiles und sind sowohl in Regen- als auch in Trockenwäldern anzutreffen. Sie halten sich vor allem in der Laubstreu und unter Baumrinde auf.

Größe
Mit einer Gesamtlänge von 4–5 cm ist diese Art ein kleinerer Vertreter der Gattung.

Äußere Merkmale
Grundfarbe ist ein dunkles Rotbraun. *Bothriurus vittatus* besitzt kleine, aber kräftige Scheren sowie ein im Verhältnis zum Körper recht großes Metasoma.

Giftigkeit
Stiche von *Bothriurus*-Arten rufen überwiegend wohl nur lokale Reaktionen hervor.

Bothriurus vittatus
aus Südamerika
Foto: R. Lippe

Haltung und Nachzucht

Die Tiere benötigen ein feuchtes Tropen-terrarium. Als Substrat findet ein Sand-Erde-Gemisch Verwendung, wobei einige starke, grobrindige Äste und etwas Laub die Einrichtung vervollständigen. In einem Becken von 20 × 20 × 30 cm (L × B × H) lässt sich eine Gruppe von 4–6 Tieren pflegen.

Bewährt hat sich bei dieser Art eine Hal-tungstemperatur von tagsüber 30 °C, bei einer Nachtabsenkung auf 22 °C (relative Luftfeuch-tigkeit 70–80 %). Nachzuchten von *B. vittatus* sind bisher nicht bekannt. *Bothriurus*-Männ-chen blockieren die weibliche Geschlechtsöff-nung nach der Paarung mit einem Genital-pfropf (MATTONI & PERETTI 2004).

Futter

Siehe *B. keyserlingi*.

Literatur

Taxonomie, Systematik, Verbreitung: MATTONI (2002); SISSOM (1990).

Familie Vaejovidae THORELL, 1876

Gattung *Hoffmannius* SOLEGLAD & FET, 2008

Geografische Verbreitung

Die 17 Arten der Gattung besiedeln den Süden der USA und Mexiko.

Hoffmannius spinigerus
(WOOD, 1863)

Verbreitung und Lebensraum

Dieser bis vor Kurzem noch als *Vaejovis spi-nigerus* bekannte Skorpion besiedelt Arizona, Süd-Kalifornien und West-New Mexico in den USA sowie den Norden der Baja California del Norte und Sonora in Mexiko. Hier findet man die Tiere in der Sonora und dem angrenzenden Grasland, in Kiefernwäldern und Buschland. Reiner Sandboden und Dünen werden gemie-den. Meist graben sich die Skorpione unter Felsen etwas ein.

Größe

Mit meist 5,5–6 cm, in Ausnahmefällen bis zu 7 cm Körpergröße handelt es sich um einen mittelgroßen Skorpion.

Äußere Merkmale

Die Tiere sind hell gelbbraun, mit unterschied-lichen dunkleren Musterungen auf Carapax und Tergiten. Männchen besitzen 22–27 Kammzähne, Weibchen 16–22. Das Metasoma ist kräftig gebaut und bei Weibchen etwas dicker. Letztere werden auch größer.

Giftigkeit

Hoffmannius spinigerus gilt als nur schwach giftig, ist jedoch sehr schnell und sticht, in die Enge getrieben, rasch zu.

Haltung und Nachzucht

Diese Art eignet sich geradezu ideal für die Haltung: Sie ist ungefährlich, lässt sich paar-weise in einem Becken von mindestens 30 × 20 × 20 cm (L × B × H) oder sogar in kleinen Gruppen (dann in Becken ab 40 × 30 × 30 cm) halten und bereitet bei der Pflege keine Probleme.

Neben einem rund 5 cm hoch eingefüllten Bodengrund aus Erde mit etwas Sandbeimi-schung und darauf liegenden flachen Steinen und Rindenstücken sollten auch senkrechte Kletterstrukturen eingebracht sein, die diese Skorpione gerne nutzen. Die Haltung sollte sehr trocken erfolgen, lediglich ein Mal pro Woche besprüht man die Einrichtung leicht

Hoffmannius spinigerus
Foto: K. Kunz

und stellt über eine oder zwei Nächte eine flache Wasserschale bereit. Tagsüber sollten die Temperaturen 27–32 °C betragen, lokal auch etwas mehr, nachts dagegen auf Zimmerwerte absinken. Die Vermehrung gelingt leicht, und die Wurfgröße ist beachtlich, sie kann 80 oder mehr Jungtiere betragen, obwohl sie meist geringer ausfällt.

Bei der Aufzucht ist zu beachten, dass die Kleinen kannibalisch sein können und deshalb einzeln gesetzt werden sollten. Sie sollten leicht kühler und etwas feuchter gehalten werden als Adulte und wachsen dann gut heran.

Futter
Die Tiere fressen kleine Grillen, Heimchen, Käfer und andere gängige Futtertiere.

Literatur
Taxonomie, Verbreitung: SISSOM (1991).

Familie Iuridae THORELL, 1876

Gattung *Hadrurus* THORELL, 1876

Geografische Verbreitung und Kennzeichen
Hadrurus besiedelt mit acht Arten den Süden und Westen der USA sowie die angrenzenden Bundesstaaten Mexikos. Klima: subtropisch arides Winterregenklima mit zusätzlicher Sommerregenzeit.

Diese recht großen Skorpione sind am Metasoma und an den Gliedmaßen oft auffällig behaart (in Nordamerika werden sie deswegen „giant desert hairy scorpions" genannt). Als ein Gattungsmerkmal besitzen sie an der Ventralseite der Pedipalpentibia 30 und mehr sowie an der Unterseite der Scherenhand 13–27 Trichobothrien.

Lebensraum
Hadrurus-Arten bewohnen überwiegend Sandböden halbtrockener und trockener Steppen- und Wüstengebiete, wo sie sich unter großen Steinen, unter Fallholz oder in selbst gegrabenen Erdhöhlen aufhalten.

Hadrurus arizonensis EWING, 1928

Größe
Dieser Skorpion zählt mit einer Gesamtlänge von bis zu 14 cm zu den größeren Arten. Er ist der größte Skorpion im Südwesten der USA.

Äußere Merkmale
Der Rücken ist braungelb. Pedipalpen, Beine, das vordere Drittel des Mesosomas und das Metasoma sind heller gelb gefärbt. Das lange und kräftige Metasoma endet in einer großen, rötlich gelben Giftblase. Alle Extremitäten, Metasoma (vor allem die letzten Ringe) und Telson sind dicht braun behaart.

Giftigkeit
Manche *Hadrurus*-Arten können Gift bis auf eine Distanz von 25 cm versprühen und dadurch die Augen gefährden, weshalb man besonders beim Hantieren im Terrarium vorsichtig sein sollte. Stiche von *H. arizonensis* können kurzzeitig schmerzen und an der Stichstelle eine leichte Schwellung und Rötung hervorrufen, zeigen aber keine systemische Wirkung.

Haltung und Nachzucht
Hadrurus arizonensis benötigt ein trockenes Wüstenterrarium mit einer Bodenfläche von 20 × 30 cm. Der Behälter sollte so hoch sein, dass die Tiere im etwa 10 cm tiefen Sandboden ihre Wohnhöhlen zu graben vermögen, die in der Natur bis in 2 m Tiefe gehen können (RUBIO 2000). Da *Hadrurus* spp. gerne Skorpione fressen, müssen sie einzeln gehalten werden. Eine flache Trinkschale darf nicht fehlen.

Die Temperaturen sollten tagsüber 30–35 °C betragen und während der Nacht bis auf 25 °C absinken. Eine Überwinterung bei 10–15 °C fördert das Wohlergehen der Tiere. Die Balz, bei der das Männchen häufig einen „Paarungsstich" anbringt, kann sich über 2–3 Stunden erstrecken.

Nach der Geburt verbleiben die Jungtiere noch etwa 4–6 Tage auf dem Rücken der Mutter. Anschließend kann man sie in Gruppen von 4–6 Tieren halten, sollte sie später aber trennen. Als Substrat der Aufzuchtbehälter eignet sich feiner Sand, auf dem man einige Rindenstücke als Verstecke verteilt. Ein Abschnitt des Bodengrundes ist stets feucht zu halten, damit die Jungtiere nicht austrocknen.

Kleine *H. arizonensis* fressen zunächst Springschwänze und *Drosophila*, die nach 2–3 Monaten durch „Mikro"-Heimchen bzw. -Grillen ersetzt werden können.

Futter
Als Futtertiere bieten sich bei dieser Art kräftige Insekten wie Heimchen, Grillen, Schaben, Käfer und deren Larven sowie Wanderheuschrecken an.

Literatur
Taxonomie: SOLEGLAD (1976), SISSOM (1990). Verhalten, Ökologie: WILLIAMS (1969), BUB & BOWERMAN (1979).

Hadrurus arizonensis
Foto: R. Lippe

Glossar

Abdomen – Hinterleib der ▶ Arthropoda, wobei der Begriff aber meist auf Insekten beschränkt bleibt. An der Ausbildung des Arthropodenhinterleibs sind nicht immer dieselben Körpersegmente beteiligt, weshalb man den Hinterleib der ▶ Chelicerata als ▶ Opisthosoma und den der Krebstiere als Pleon bezeichnet. Sitz der wichtigsten inneren Organsysteme (Stoffwechsel, Kreislauf, Atmung, Fortpflanzung).

adult – Erwachsen. ▶ Arthropoda sind meist mit der letzten Häutung (Adult-, Imaginalhäutung) erwachsen, nach der keine Größenzunahme mehr möglich ist. Im Adult- (Imaginal)stadium sind die Geschlechtsorgane voll entwickelt und ermöglichen die Fortpflanzung.

Apoikogenie – Embryonaler Entwicklungsmodus mancher Skorpione (Buthidae, Chaerilidae, Chactidae, Bothriuridae, Iuridae, Vaejovidae), bei dem die dotterfreien bis dotterreichen Eizellen (Oozyten) direkt am Ovariuterus angeheftet sind, wo sie sich entwickeln. ▶ Katoikogenie

Aposematismus – Warn(-färbung, -laut, -verhalten usw.), dazu geeignet, potenzielle Angreifer abzuhalten. Die kontrastreiche Gelb-Schwarz-Färbung vieler Wespen z. B. signalisiert optisch ihre Stechfähigkeit.

Arachnida – Spinnentiere (im engeren Sinn), größte Klasse der ▶ Chelicerata. Den Skorpionen (Scorpiones) stellt man alle anderen Spinnentierordnungen gegenüber: Geißelspinnen (Amblypygi), Geißelskorpione (Uropygi), Webspinnen (Araneae), Palpenläufer (Palpigradi), Kapuzenspinnen (Ricinulei), Pseudoskorpione (Pseudoscorpiones), Walzenspinnen (Solifugae), Weberknechte (Opiliones), Milben (Acari). Viele Merkmale der Arachniden stehen in Zusammenhang mit ihrem Leben an Land, das sie vermutlich seit dem ▶ Silur bewohnen.

arid – Trockenes Klima (z. B. in Halbwüsten und Wüsten), bei dem die jährliche Verdunstung größer ist als der Jahresniederschlag.

Arthropoda – Gliederfüßer. Größter Stamm des Tierreichs (ca. 1 Million beschriebene ▶ rezente Arten), dessen Großgruppen (▶ Chelicerata, Myriapoda, Pancrustacea) vermutlich auf eine gemeinsame Wurzel zurückzuführen sind. Am Außenskelett aus ▶ Chitin und Protein inserieren gegliederte Extremitäten, die zahlreichen Funktionen dienen und vielfach umgewandelt und spezialisiert oder auch reduziert wurden. Arthropoda und Annelida (Ringelwürmer) fasst man traditionell als Articulata (Gliedertiere) zusammen. Molekulare Daten sprechen aber eher für ein Taxon Ecdysozoa (Häutungstiere), in dem die Nematoda (Fadenwürmer) die nächsten Verwandten der Arthropoden sind.

Basitarsus – Segmentabschnitt am Laufbein der ▶ Arachnida, zwischen ▶ Tibia und ▶ Tarsus. Bei Skorpionen Sitz wichtiger Sinnesorgane (basitarsale Sinnesspalten und Sinneshaare), die vor allem Vibrationen des Untergrundes registrieren (Beuteortung, Annäherung von Feinden usw.).

Becherhaare ▶ Trichobothrien

Carapax – Ungegliederte Platte der ▶ Cuticula, die das ▶ Prosoma schützend bedeckt.

Chelicerata – Scherenträger, Fühlerlose, Spinnentiere im weiteren Sinn, Spinnenartige. Gruppe der ▶ Arthropoda mit ca. 100.000 ▶ rezenten Arten. Neben rein marinen Vertretern (Pantopoda, Xiphosura) sind die meisten Cheliceraten Landbewohner (▶ Arachnida). Körper aus zwei funktionellen Abschnitten (Tagmata) zusammengesetzt (▶ Prosoma und ▶ Opisthosoma), Mundwerkzeuge ▶ Cheliceren. Antennen (Fühler) nicht vorhanden.

Cheliceren – Namensgebende Mundwerkzeuge und erstes Kopfextremitätenpaar der ▶ Chelicerata. Der ursprüngliche Chelicerentyp (dreigliedrig, als kleine Scheren ausgebildet) ist von Skorpionen beibehalten worden. Die Bezahnung auf der Innenseite der Chelicerenfinger ist für die ▶ Taxonomie von Skorpionen wichtig.

Chitin – Stickstoffhaltiger kettenförmiger Vielfachzucker (N-Polysaccharid), chemisch nah verwandt mit der Pflanzencellulose und wie diese schwer abbaubar. Eingebettet in spezifische Proteine (Arthropodin), ist alpha-Chitin ein Hauptbestandteil der ▶ Cuticula der ▶ Arthropoda.

Cuticula – Mehrschichtige zellfreie Deckschicht des Außenskeletts der ▶ Arthropoda. Sie tritt in Form elastisch-harter „Panzerplatten" (Sklerite) und dünner, biegsamer Gelenkhäute (Membranen, Intersegmentalhäute) auf. Die Cuticula ist ein Teil der Körperdecke (Integument), deren Eigenschaften für die Entfaltung der Arthropoden maßgeblich waren. Sie besteht aus ▶ Chitin und Protein.

dorsal – oberseits, auf dem Rücken befindlich.

Embryogenese – Vorgang der Frühentwicklung der Frucht (des Embryos) im Mutterleib.

Epidemiologie – Lehre vom Krankheitsgeschehen in einer ▶ Population.

Femur – Oberschenkel. Segmentabschnitt am Bein der ▶ Arachnida zwischen ▶ Trochanter und ▶ Patella.

Genitalpapillen – Zwei zipfelförmige Fortsätze unterseits des Geschlechtsdeckels (▶ Operculum genitale) männlicher Skorpione, die bei den Bothriuridae und Iuridae fehlen. Erlauben oft eine Geschlechtsbestimmung, wenn andere sekundäre Geschlechtsmerkmale nicht eindeutig sind.

Genitalpfropf, Begattungspfropf – Bei Skorpionen auch Spermatocleutrum genannt. Gelatineartige bzw. feste Sekretprodukte, die nach der Paarung an bzw. in der weiblichen Geschlechtsöffnung befestigt werden. Kommen bei vielen Arthropoden vor und werden als Methode von Männchen interpretiert, Mitkonkurrenten um ein Weibchen von der Paarung auszuschließen.

Hämocyanin – Kupferhaltiges, in einer Transportflüssigkeit gelöstes Sauerstoff-Transportprotein von Wirbellosen, u. a. bei vielen ▶ Arthropoda (Xiphosura, Skorpione, Spinnen, manche Krebse). Farbwechsel von blau (sauerstoffreich) nach farblos (sauerstoffarm).

Hämolymphe – Körperflüssigkeit der ▶ Arthropoda. Sie besteht aus einer flüssigen Phase (Lymphplasma) und aus Blutzellen (Hämozyten). Dient zum Transport von Nährstoffen, Exkreten, Kohlendioxid und Hormonen. Wichtig für Wundverschluss, Osmoregulation und Aufrechterhaltung des Körperinnendrucks.

Kambrium – Periode des Erdaltertums (▶ Paläozoikum), von 570–505 Millionen Jahren. Während des Kambriums erschienen alle Tierstämme der Wirbellosen, die fossilisierbare Strukturen besaßen, darunter auch die ▶ Arthropoda (z. B. die ausgestorbenen Trilobiten). Wegen der starken Entfaltung des Lebens zu dieser Zeit spricht man auch von der „kambrischen Explosion".

Katoikogenie – Embryonaler Entwicklungsmodus mancher Skorpione (Scorpionidae, Diplocentridae, Ischnuridae), bei dem sich die kleinen, dotterfreien Eizellen (Oozyten) in speziellen Aussackungen (Divertikeln) des Ovariuterus entwickeln. Der Mund des heranwachsenden Embryos koppelt an einen zitzenartigen Fortsatz des Divertikels an, über den er mit mütterlicher Nährflüssigkeit versorgt wird. ▶ Apoikogenie

Lateralaugen – Seitenaugen. Am Vorderrand des ▶ Prosomas vieler ▶ Arachnida liegende punktförmige Linsenaugen, die sich aufgrund ihrer Feinstruktur von Facettenaugen ableiten lassen. Im Gegensatz zu ▶ Medianaugen ohne Glaskörper. Skorpione besitzen bis zu fünf Paar Lateralaugen.

Mandibeln – Oberkiefer. Als kräftige Kaulade dienendes Kopfextremitätenpaar. Erstes Paar Mundwerkzeuge der Mandibulata (Krebstiere, Tausendfüßer, Insekten).

Isometrus maculatus
aus Sansibar
          Foto: D. Mahsberg

Maxillen – Unterkiefer. Gegliedertes zweites und drittes Paar Mundwerkzeuge der Mandibulata (Tausendfüßer, Krebstiere, Insekten). Bei Insekten ist das zweite Maxillenpaar zur Unterlippe (Labium) verschmolzen, bei Tausendfüßern bilden die ersten und zweiten Maxillen eine Unterlippe (Gnathochilarium).

Medianaugen – Mittelaugen. Oberseits in der Mitte des ◗ Prosomas gelegene punktförmige Linsenaugen vieler ◗ Arachnida, bei Skorpionen ein Paar. Im Gegensatz zu ◗ Lateralaugen mit Glaskörper.

Mesosoma – Erster, aus sieben (äußerlich sichtbaren) Segmenten gebildeter breiter Abschnitt des Hinterlebs (◗ Opisthosoma) von Skorpionen. Dabei sind die Rückenschilde (◗ Tergite) anders als beim ◗ Metasoma mit den Bauchschilden (◗ Sterniten) nicht verwachsen.

Metasoma – „Skorpionschwanz". Zweiter, aus fünf Segmenten gebildeter Abschnitt des Hinterleibs (◗ Opisthosoma) von Skorpionen. Die Rückenschilde (◗ Tergite) sind mit den Bauchschilden (◗ Sternite) zu Cuticularingen verwachsen. Das Metasoma wird vom Darm durchzogen; der After mündet am Ende des fünften Ringes.

Operculum genitale – Bauchseits zwischen ◗ Sternum und ◗ Pectines liegender, querovaler Geschlechts- (Genital-)deckel, der die Geschlechts- (Genital)öffnung abdeckt. Er entspricht einer umgewandelten Extremität des achten Körpersegments. Bei Skorpionweibchen sind die beiden Hälften in der Mitte verwachsen. Bei Männchen sind sie gegeneinander beweglich und tragen unterseits zwei ◗ Genitalpapillen.

Opisthosoma – Hinterleib. Zweiter funktioneller Körperabschnitt der ◗ Chelicerata, ursprünglich aus wahrscheinlich zwölf Segmenten bestehend. Sitz der wichtigsten inneren Organsysteme (Stoffwechsel, Kreislauf, Atmung, Fortpflanzung). ▶ Abdomen

Paläozoikum – Erdaltertum, vom ▶ Kambrium (570 Millionen Jahre) bis zum Perm (286 Millionen Jahre).

Patella – Knie. Innerhalb der ▶ Arthropoda nur bei den ▶ Chelicerata vorkommendes zusätzliches Beinsegment zwischen ▶ Femur und ▶ Tibia.

Pecten (Plural: **Pectines**) – Kammorgan, kammförmiges Organ. Umgewandeltes Extremitätenpaar des neunten Körpersegments von Skorpionen. Evolutive Neuheit (Autapomorphie) aller Skorpione. Kämme betasten beim Laufen den Boden. Kammzähne dicht mit Sinnesorganen besetzt, die vor allem auf mechanische und chemische Reize reagieren (Substratbeschaffenheit, Bodenerschütterung, Duft von Paarungspartnern, Beute usw.).

Pedipalpen – Zweites Extremitätenpaar am ▶ Prosoma der ▶ Arachnida, das keine Lauffunktion mehr hat, sondern Spezialaufgaben erfüllt. Pedipalpen der Skorpione als Tast- und Greiforgane, am Ende mit einer Schere.

Pheromon – Weitgehend artspezifische Botenstoffe, die in speziellen Drüsen produziert und nach außen abgegeben werden. Pheromone haben für andere Individuen chemische Signalfunktion (z. B. als Sexuallockstoffe).

Pleuren, Pleura – Dehnfähige seitliche Verbindungshäute (Intersegmental-, Flankenhäute) zwischen den starren „Panzerplatten" der ▶ Tergite und ▶ Sternite.

Population – Bevölkerung. Die Gesamtheit aller Individuen einer Art, die zur gleichen Zeit einen zusammenhängenden Lebensraumabschnitt (ein Areal) bewohnen. Populationen sind u. a. durch ihre Alters- und Geschlechterstruktur oder durch genetische Eigenschaften charakterisierbar.

Prosoma – Vorderkörper. Erster funktioneller Körperabschnitt der ▶ Chelicerata, aus sieben Körpersegmenten zusammengesetzt. Sitz wichtiger Sinnesorgane, der Mundwerkzeuge und Laufbeine sowie des Gehirns.

rezent – In der (geologischen) Gegenwart lebend (im Gegensatz zu fossil).

Sexualdimorphismus – Merkmal des Körperäußeren (der Morphologie), das männliche und weibliche Individuen einer Art gleichen Stadiums unterscheidet. Oft unterliegt z. B. die Körpergröße einem Sexualdimorphismus. Bei Färbungsunterschieden spricht man von einem Sexualdichromatismus.

Silur – Periode des Erdaltertums (▶ Paläozoikum), von 504– 438 Millionen Jahre. In diese Zeit fiel die Eroberung des Landes durch bestimmte Gruppen der ▶ Arthropoda.

Spermatheka – Receptaculum seminis, Samentasche. Behälter im weiblichen Geschlechtstrakt, in dem Spermien zum Teil lange gespeichert werden können.

Spermatophore – Samenpaket, das männliche Keimzellen (Spermien) enthält. Die indirekte Übertragung von Spermien mittels einer Spermatophore ist eine bei Landarthropoden weit verbreitete Form innerer Besamung.

Sternum, Sternit – Bauch bzw. Bauchschild, gebildet aus einer starren „Panzerplatte" der ▶ Cuticula. Das für die ▶ Taxonomie von Skorpionen wichtige Sternum liegt als unpaare drei- bzw. fünfeckige Platte ▶ ventral zwischen den Hüften des vierten Laufbeinpaares.

Stigma – An der Körperoberfläche mündende Verschlussöffnung eines Atemsystems (z. B. von ▶ Tracheen und von Buch- oder Fächerlungen).

Subakulearstachel, -tuberkel – Mehr oder weniger stachelähnliche Erhebung unterhalb des eigentlichen Giftstachels von Skorpionen. Steht mit keiner Giftdrüse in Verbindung. Wichtig für die ▶ Taxonomie von Skorpionen.

sympatrisch – Vorkommen mehrerer nah verwandter Arten bzw. Unterarten im gleichen Verbreitungsgebiet.

Systematik – Biologische Wissenschaft, die sich mit dem Beschreiben, Ordnen und Benennen organismischer Vielfalt (Biodiversität) befasst und diese in ein hierarchisches System zu bringen versucht. Sie sollte die stammesgeschichtlichen (phylogenetischen) Verwandtschaftsbeziehungen zwischen Organismengruppen (Taxa) wiedergeben. Neben äußeren (morphologischen) Merkmalen bedient sich die Systematik zunehmend molekularbiologischer Methoden. Der Begriff wird oft synonym mit ▶ Taxonomie verwendet.

systemisch – Nicht auf eine bestimmte Struktur oder Funktion beschränkt, sondern mit Auswirkung (z. B. eines Giftes) auf das Gesamtsystem (den Gesamtorganismus).

Tarsus – Fuß. Letztes Glied des Beines der ▶ Arthropoda; trägt (wie bei Skorpionen) häufig zwei Krallen.

Taxonomie – Bestimmungslehre. Theorie und Praxis der Klassifizierung organismischer Vielfalt. Taxonomisch relevante Merkmale (Bestimmungsmerkmale), wie sie in Bestimmungsschlüsseln benutzt werden, sind allerdings oft ungeeignet, stammesgeschichtliche Verwandtschaftsbeziehungen zu begründen. Oft synonym ▶ Systematik.

Telson – Anhang am Körperende mancher Krebstiere und ▶ Chelicerata, der keinem Körpersegment entspricht. Oft Bezeichnung für den Schwanzfaden von Geißelskorpionen und Palpenläufern oder den Stachel von Skorpionen, der nach anderer Ansicht auch ▶ Tergaldorn genannt wird.

Tergaldorn – Anhang eines (reduzierten) 13. Körpersegments mancher Krebstiere und ▶ Chelicerata. Wenn der Stachel der Skorpione ein Segmentabkömmling ist, dürfte man ihn dann nicht als ▶ Telson bezeichnen.

Tergum, Tergit – Rücken bzw. Rückenschild, gebildet aus einer starren „Panzerplatte" der ▶ Cuticula.

Tibia – Schienbein. Segmentabschnitt am Bein der ▶ Arachnida zwischen ▶ Patella und ▶ Basitarsus.

Tigmotaxis – Bestreben eines Organismus, in Körperkontakt mit Umgebungsstrukturen zu sein (z. B. durch das Aufsuchen enger Verstecke usw.).

Toxine – Wasserlösliche Giftstoffe von Mikroorganismen, Pflanzen oder Tieren mit bestimmter Inkubationszeit und spezifischer Wirkung. Toxine wirken als Antigene: Sie veranlassen die Bildung von Antikörpern, anhand derer sie nachweisbar sind. Die Fähigkeit von Antikörpern zur Bindung und Neutralisierung von Toxinen wird bei der Serumtherapie ausgenützt.

Toxizität – Giftigkeit. Maß z. B. für ein tierisches Gift ist die Letaldosis LD50 (Giftdosis pro Gewichtseinheit Versuchstier, die zum Tod von 50 % der Versuchstiere führt).

Tracheen – Röhrenförmige, sich verjüngende und verzweigende Einstülpungen der Körperoberfläche mancher ▶ Arthropoda (z. B. Stummelfüßer; manche ▶ Arachnida; Insekten, Tausendfüßer). Sie dienen der Luftatmung und können meist von außen durch ein ▶ Stigma verschlossen werden. Trotz ihrer großen Ähnlichkeit sind Tracheensysteme innerhalb der ▶ Arthropoda vermutlich mehrfach unabhängig (konvergent) entstanden.

Trichobothrien – Becherhaare. Feine, leicht bewegliche Sinnesborsten, die in einer becherförmigen Vertiefung der ▶ Cuticula stehen (Becherhaare, Fadenhaare). Verbreitet bei verschiedenen Landarthropodengruppen (viele ▶ Arachnida; Zwergfüßer, Tausendfüßer; Insekten). Als Aufnehmer von Luftströmungen und Luftvibrationen wichtig für die Raumorientierung, die Wahrnehmung und Ortung von Beute, Feinden usw. Wegen ihres Anordnungsmusters wichtig für die ▶ Taxonomie von Skorpionen (Trichobothriotaxie).

Trochanter – Schenkelring. Segmentabschnitt am Bein der ▶ Arthropoda zwischen ▶ Coxa und ▶ Femur.

ventral – Bauchwärts, von der Bauchseite aus.

Weitere Informationen

Die folgenden Angaben beziehen sich auf Einrichtungen, Vereine und Zeitschriften usw., die sich speziell oder nur am Rande mit Skorpionen bzw. Spinnentieren befassen. Da - bei können die Schwerpunkte auf wissen- schaftlichen und/oder terraristischen Aspek- ten liegen. Die jeweiligen Webseiten ver- mitteln dem Leser jedenfalls schnell, was er zum Thema „Skorpione" zu erwarten hat. Wer Publikationen aus dem Internet herun- terlädt, darf dies nur bei Open-access- oder anderweitig frei verfügbarem Material. An- sonsten werden Copyright-Bestimmungen verletzt.

Zeitschriften

REPTILIA, TERRARIA
Terraristik-Fachmagazine
erscheinen je sechs Mal jährlich
mit Internetportal für Kleinanzeigen
Natur und Tier - Verlag GmbH
An der Kleimannbrücke 39/41
48157 Münster,
Tel.: 0251-133390
E-Mail: verlag@ms-verlag.de
Internet: http://www.reptilia.de

DRACO
Terraristik-Themenheft erscheint vier Mal
jährlich Natur und Tier - Verlag, s. o.

Euscorpius –
Occasional publications in scorpiology
Erste wissenschaftliche online-Zeitschrift
(Englisch), die ausschließlich Skorpionen
gewidmet ist. Die Publikationen können
als pdf-Dokumente heruntergeladen
werden Internet: http://www.science.
marshall.edu/fet/euscorpius/

Ein Pärchen *Euscorpius flavicaudis*
Foto: D. Mahsberg

Giftnotrufzentralen

Berlin Brandenburg
Tel.: +49 (0)30 - 19240
E-Mail: mail@giftnotruf.de
Internet: http://www.giftnotruf.de

Bonn - NRW
Tel.: +49 (0)228 - 19240
E-Mail: gizbn@mailen.meb.uni-bonn.de
Internet: http://www.meb.uni-bonn.de/giftzentrale

Erfurt – Neue Bundesländer
Tel.: +49 (0)361 - 730730
E-Mail: info@ggiz-erfurt.de
Internet: http://www.ggiz-erfurt.de

Freiburg – Baden-Württemberg
Tel.: +49 (0)761 - 19240
E-Mail: giftinfo@kikli.ukl.uni-freiburg.de
Internet: http://www.uniklinik-freiburg.de/
giftberatung

Göttingen – Bremen, Hamburg, Niedersachsen, Schleswig-Holstein
Tel.: +49 (0)551 - 19240
E-Mail: giznord@giz-nord.de
Internet: http://www.giz-nord.de/php/

Homburg - Saarland
Tel.: +49 (0)6841 - 19240
E-Mail: kiszab@med.rz.uni-sb.de
Internet: http://www.uniklinikum-
saarland.de/de/informationen/notfall/

Mainz – Rheinland-Pfalz, Hessen
Tel.: +49 (0)6131 - 19240
E-Mail: giftinfo@giftinfo.uni-mainz.de
Internet: http://www.giftinfo.uni-mainz.de

Giftnotruf München - Bayern
Tel.: +49 (0)89 - 19240
E-Mail: tox@Lrz.tum.de
Internet: http://www.toxinfo.org/

Wien – Österreich
Tel.: +431 - 4064343
E-Mail: viz@meduniwien.ac.at
Internet: http://www.meduniwien.ac.at/viz/

Zürich – Schweiz
Tel.: +41 - 44 251 51 51 (aus dem Ausland)
Tel.: 145 (aus der Schweiz)
E-Mail: info@toxi.ch
Internet: http://www.toxi.ch/

Vereine und Interessengruppen

ARACHNODATA
Matt E. Braunwalder
Frauentalweg 97
CH-Zürich/Schweiz
Email: admin@arachnodata.ch
Internet: www.arachnodata.ch

Deutsche Arachnologische Gesellschaft e.V. (DeArGe)
Boris F. Striffler
Poststr. 20
D-53909 Zülpich-Nemmenich
E-Mail: striffler@dearge.de
Internet: http://www.dearge.de

International Society of Arachnology (ISA)
c/o Jason A. Dunlop, Museum f. Naturkunde
der Humboldt Universität
Invalidenstraße 43
10115 Berlin
E-Mail: dunlop@arachnology.org
Internet: http://www.arachnology.org/ISA/

Zentrale Arbeitsgemeinschaft Wirbellose e.V. (ZAG Wirbellose)
Mit „Arthropoda – Das Fachmagazin der ZAG
Wirbellose im Terrarium e.V."
Ingo Fritzsche
Unter der Linde 8
38855 Silstedt
E-Mail: ARTHROPODA@t-online.de
Internet: www.zag-wirbellose.com

The Scorpion Files
Artenlisten, Bibliografien, Bildergalerie –
eine sehr empfehlenswerte Seite!
Jan Ove Rein, Norwegian Univ. of Science
and Technology, Trondheim
E-Mail: jan.rein@ub.ntnu.no
Internet: http://www.ntnu.no/ub/scorpion-files/

Literaturverzeichnis

ABROUG F., L. OUANES-BESBES, I. OUANES, F. DACHRAOUI, M.F. HASSEN, H. HAGUIGA, S. ELATROUS & C. BRUN-BUISSON (2011): Meta-analysis of controlled studies on immunotherapy in severe scorpion envenomation. – Emerg. Med. 28: 963-969.

ABUSHAMA, F.T. (1968): Observations on the mating behaviour and birth of *Leiurus quinquestriatus* (H.& E.), a common scorpion species in the Central Sudan. - Rev. Zool. Bot. Afr. 77: 37-43.

AKERET, B. (2009): Pflanzen im Terrarium. – Natur und Tier - Verlag: Münster. 400 S.

ALEXANDER, A.J. (1959): A survey of the biology of scorpions of South Africa. - Afr. Wild Life 13: 99-106.

ALTHAUS, S., A. JACOB, W. GRABER, D. HOFER, W. NENTWIG & C. KROPF (2010): A double role of sperm in scorpions: The mating plug of *Euscorpius italicus* (Scorpiones: Euscorpiidae) consists of sperm. – J. Morphol. 271: 383-393.

ANGERMANN, H. (1955): Indirekte Spermatophoren-übertragung bei *Euscorpius italicus* (Hbst.) (Scorpiones, Chactidae). - Naturwissenschaften 42: 303.

– (1957): Über Verhalten, Spermatophorenbildung und Sinnesphysiologie von *Euscorpius italicus* und verwandten Arten. - Z. Tierpsych. 14: 276-302.

ARYA, S.C. (2000): Antivenom therapy for scorpion bites. – Toxicon 38: 1627-1628.

AUBER, M. (1963): Reproduction et croissance de *Buthus occitanus* AMX. - Ann. Sci. Nat. Zool. 5: 273-286.

AUBER-THOMAY, M. (1974): Croissance et reproduction d'*Androctonus australis* (L.) (Scorpiones, Buthides). - Ann. Sci. Nat. Zool. 16: 45-54.

BAHLOUL, M., I. CHABCHOUB, A. CHAARI, K. CHTARA, H. KALLEL, H. DAMMAK, H. KSIBI, H. CHELLY, N. REKIK, C. BEN HAMIDA & M. BOUAZIZ (2010): Scorpion envenomation among children: Clinical manifestations and outcome (analysis of 685 cases). - Am. J. Trop. Med. Hyg. 83: 1084-1092.

BARTH, F.G. (2001): Sinne und Verhalten: Aus dem Leben einer Spinne. - Springer: Berlin. 424 S.

BELLMANN, H. (1997): Kosmos-Atlas Spinnentiere Europas. - Franckh-Kosmos: Stuttgart. 304 S.

BENTON, T.G. (1991): Reproduction and parental care in the scorpion, *Euscorpius flavicaudis*. - Behaviour 117: 20-28.

– (1992a): The ecology of the scorpion *Euscorpius flavicaudis* in England. - J. Zool., Lond. 226: 351-368.

– (1992b): Determinants of male mating success in a scorpion. – Anim. Behav. 43: 125-135.

– (2001): Reproductive ecology. - in: Scorpion biology and research, P.H. BROWNELL & G.A. POLIS (Hrsg.). Oxford University Press: Oxford. S. 278-301.

BLASS, G.R.C. & D.D. GAFFIN (2008): Light wavelength biases of scorpions. - Animal Behaviour 76: 365-373.

BLICK, T. & C. KOMPOSCH (2004): Checkliste der Skorpione Mittel- und Westeuropas (Arachnida: Scorpiones). Online unter <http://www.arages.de/checklist.html#2004_Scorpiones> (15.10.2011)

BOST, K.C. & D.D. GAFFIN (2004): Sand scorpion home burrow navigation in the laboratory. - Euscorpius 17: 1-5.

BÖTTCHER, M. (1988): Erfahrungen bei der Haltung und Aufzucht des Feldskorpions *Buthus occitanus*. - elaphe 12: 77-79.

BMLFUW (2007): Wildentnahmen und Nachhaltigkeit. Online unter <http://www.cites.at/article/articleview/62266/1/8023> (15.10.2011)

BRAENDLE, C. (1995): Verhalten und Ökologie des Skorpions *Leiurus quinquestriatus*. - DATZ 48: 782-783.

BRAUNWALDER, M.E. (2005): Fauna Helvetica: Scorpiones. – Neuchâtel: Schweizerische Entomologische Gesellschaft. 239 S.

– & M. TSCHUDIN (1997): Skorpione. Eine Einführung mit besonderem Augenmerk auf beide Schweizer Arten. - Biologie einheimischer Wildtiere 1: 1-15.

BROWN, C.A. & D.J. O'CONNELL (2000): Plant climbing behavior in the scorpion *Centruroides vittatus*. - American Midland Naturalist 144: 406-418.

BROWNELL, P.H. (1985): Vibrationssinn: Beuteortung beim Sandskorpion. - Spektrum der Wissenschaft 2: 84-92.

BROWNELL, P.H & G.A. POLIS (Hrsg.) (2001): Scorpion biology and research. - Oxford University Press: Oxford. 431 S.

BUB, K. & R.F. BOWERMAN (1979): Prey capture by the scorpion *Hadrurus arizonensis* EWING (Scorpiones, Vaejovidae). - J. Arachnol. 7: 243-253.

BUDD, G.E. & M.J. TELFORD (2009): The origin and evolution of arthropods. – Nature 457: 812-817.

CAMPBELL, N.A. & J.B. REECE (2009): Biologie. - Pearson Studium: München. 1918 S.

CASPER, G.S. (1985): Prey capture and stinging behavior in the emperor scorpion, *Pandinus imperator* (KOCH) (Scorpiones, Scorpionidae). - J. Arachnol.

13: 277-283.

CHIPPAUX, J.P. & M. GOYFFON (2008): Epidemiology of scorpionism: a global appraisal. – Acta Trop. 107: 71-79.

CLOUDSLEY-THOMPSON, J.L. & C. CONSTANTINOU (1983): How does the scorpion *Euscorpius flavicaudis* (DEG.) manage to survive in Britain? - Int. J. Biometeor. 27: 87-92.

CORZO, G., P. ESCOUBAS, E. VILLEGAS, K.J. BARNHAM, W. HE, R.S. NORTON & T. NAKAJIMA (2001): Characterization of unique amphipathic antimicrobial peptides from venom of the scorpion *Pandinus imperator*. - Biochemical Journal 359: 35-45.

COUZIJN, H.W.C. (1981): Revision of the genus *Heterometrus* HEMPRICH & EHRENBERG (Scorpionidae, Arachnidea). - Zool. Verhand. 184: 1-196.

DAI, C., Y. MA, Z. ZHAO, R. ZHAO, Q. WANG, Y. WU, Z. CAO & W. LI (2008): Mucroporin, the first cationic host defense peptide from the venom of *Lychas mucronatus*. - Antimicrob. Agents Chemother. 52: 3967-3972.

DI, Z., Y. HE, Y. WU, Z. CAO, H. LIU, D. JIANG & W. LI (2011): The scorpions of Yunnan (China): updated identification key, new record and redescriptions of *Euscorpiops kubani* and *E. shidian* (Arachnida, Scorpiones). - ZooKeys 82: 1-33.

FABRE, J.H. (1907): Souvenirs entomologiques. 9ième série. - Paris: Délagrave. 229 S. [1997 deutsche Übersetzung eines Kapitelauszugs „Der Skorpion von Sérignan". - Berlin und München: Edition Pixis bei Janus Press.]

FARLEY, R. (2001): Structure, reproduction, and development. - in: Scorpion biology and research, P.H. BROWNELL & G.A. POLIS (Hrsg.). Oxford University Press: Oxford. S. 13 – 78.

FET, V. (2010): Scorpions of Europe. - Acta Zoologica Bulgarica 62: 3-12.

– W.D. SISSOM, G. LOWE & M.E. BRAUNWALDER (2000): Catalogue of the scorpions of the world (1758-1998). - New York: N.Y. Entomological Society. 690 S.

– M.E. SOLEGLAD & B. GANTENBEIN (2004): The Euroscorpion: taxonomy and systematics of the genus *Euscorpius* THORELL, 1876 (Scorpiones: Euscorpiidae). - Euscorpius 17: 47-60.

– & M.E. SOLEGLAD (2005): Contributions to scorpion systematics. I. On recent changes in high-level taxonomy. - Euscorpius 31: 1-13.

– B. GANTENBEIN, A. KARATA & A. KARATA (2005): An extremely low genetic divergence across the range of *Euscorpius italicus* (Scorpiones, Euscorpiidae). – J. Arachnol. 34: 248-253.

FLATT, T. (1991): Beobachtungen zum Paarungsverhalten von *Leiurus quinquestriatus* (Scorpiones: Buthidae) in Gefangenschaft. - Latrodecta : 6-10.

FLEISSNER, G. (1986): Die innere Uhr und der Lichtsinn von Skorpionen und Käfern. - Naturwissenschaften 73: 78-88.

– & G. FLEISSNER (2001): The scorpion's clock. - in: Scorpion biology and research, P.H. BROWNELL & G.A. POLIS (Hrsg.). Oxford University Press: Oxford. S. 138 – 158.

FOELIX, R. (1992): Biologie der Spinnen. - Stuttgart: Thieme Verlag. 331 S.

FOELIX, R. (2010): Biology of spiders. - Oxford: OUP. 419 S.

FRIEDERICH, U. & W. VOLLAND (2005): Futtertierzucht. - Stuttgart: Ulmer. 187 S.

GARNIER, G. (1974): Elevage en laboratoire de *Pandinus imperator* (C.L. KOCH, 1842) (Scorpionidae, Scorpioninae). - Bull. Soc. Zool. France 99: 693-699.

GAFFIN, D.D. & P.H. BROWNELL (2001): Chemosensory behaviour and physiology. - in: Scorpion biology and research, P.H. BROWNELL & G.A. POLIS (Hrsg.). Oxford University Press: Oxford. S. 184-203.

– & M.E. WALVOORD (2004): Scorpion peg sensilla: are they the same or are they different? - Euscorpius 17: 7-15.

GIBSON, L., T.M. LEE, L.P. KOH, B.W. BROOK, T.A. GARDNER, J. BARLOW, C.A. PERES, C.J.A. BRADSHAW, W.F. LAURANCE, T.E. LOVEJOY & N.S. SODHI (2011): Primary forests are irreplaceable for sustaining tropical biodiversity. – Nature 478: 378-381.

GOYFFON, M. & V. ROMAN (2001): Radioresistance of scorpions - in: Scorpion biology and research, P.H. BROWNELL & G.A. POLIS (Hrsg.) Oxford University Press: Oxford. S. 393-405.

GUPTA, B.D., M. PARAKH & A. PUROHIT (2010): Management of scorpion sting: Prazosin and Dobutamine. – J. Tropical Pediatrics 56: 115-118.

HABEL, J.C., M. HUSEMANN, T. SCHMITT, F.E. ZACHOS, A.-C. HONNEN, B. PETERSEN & I. STATHI (2011): Microallopatry caused strong diversification in *Buthus* scorpions (Scorpiones: Buthidae) in the Atlas Mountains (NW Africa). – PlosOne (im Druck)

HARINGTON, A. (1982): Diurnalism in *Parabuthus villosus* (PETERS) (Scorpiones, Buthidae). - J. Arachnol. 10: 85-86.

HEMBREE, D.I. (2011): Large, complex burrows are for terrestrial invertebrates, too: Neoichnology of *Pandinus imperator* and *Heterometrus spinifer* (Scorpiones: Scorpionidae). – GSA Ann. Meeting Minneapolis (9–12 October 2011).

HENKEL, F.-W. & W. SCHMIDT (1997): Terrarien. Bau und

Einrichtung. - Eugen Ulmer: Stuttgart. 168 S.

HEWITT, J. (1918): A survey of the scorpion fauna of South Africa. - Trans. Roy. Soc. S. Afr. 6: 89-192.

HÖLLDOBLER, B. & E.O. WILSON (1990): The ants. - Belknap Press of Harvard University Press: Cambridge. 732 S.

INCEOGLU, B., J. LANGO, J. JING, L. CHEN, F. DOYMAZ, I.N. PESSAH & B.D. HAMMOCK (2003): One scorpion, two venoms: Prevenom of *Parabuthus transvaalicus* acts as an alternative type of venom with distinct mechanism of action. – Proc. Nat. Acad. Sciences 100, 3: 922-927.

IUCN (2011): The IUCN red list of threatened species. Online unter http://www.iucnredlist.org (19.10.2011)

JACKSON, D.E. (2007): Social spiders. – Current Biology 17: 650-652.

JACOB, A., B. GANTENBEIN, M.E. BRAUNWALDER, W. NENTWIG & C. KROPF (2004): Complex male genitalia (hemispermatophores) are not diagnostic for cryptic species in the genus *Euscorpius* (Scorpiones: Euscorpiidae). - Organisms, Diversity & Evolution 4: 59-72.

JAHAN, S., A. MOHAMMED AL SAIGUL & S. ABDUL RAHIM HAMED (2007): Scorpion stings in Qassim, Saudi Arabia - 5-year surveillance report. - Toxicon 50: 302-305.

JERAM, A. J. (2001): Paleontology. - in: Scorpion biology and research, P.H. BROWNELL & G.A. POLIS (Hrsg.). Oxford University Press: Oxford. S. 370-392.

KALTSAS, D., I. STATHI & V. FET (2008): Scorpions of the Eastern Mediterranean. - in: Advances in arachnology and developmental biology, S.E. MAKAROV & R.N. DIMITRIJEVIĆ (Hrsg.).. Monographs 12: Wien. 209-246.

KALTSAS, D., I. STATHI & M. MYLONAS (2009): Intraspecific differentiation of social behavior and shelter selection in *Mesobuthus gibbosus* (BRULLÉ, 1832) (Scorpiones: Buthidae). J. Ethology 27: 467-473.

KINZELBACH, R. (1982): Die Skorpionssammlung des Naturhistorischen Museums der Stadt Mainz. - Teil I: Europa und Anatolien. - Mainzer Naturw. Archiv 20: 49-66.

KLEBER, J.J., P. WAGNER, N. FELGENHAUER, M. KUNZE & T. ZILKER (1999): Vergiftung durch Skorpionstiche. - Deutsches Ärzteblatt 96: 1710-1715.

KLOOCK, C.T. (2005): Aerial insects avoid fluorescing scorpions. – Euscorpius 21: 1-7.

KÖNIG, B. & K.E. LINSENMAIR (Hrsg.) (1996): Biologische Vielfalt. - Spektrum Akad. Verlag: Heidelberg. 215 S.

KOVAŘIK, F. (2000): Revision of *Babycurus* with description of three new species (Scorpiones: Buthidae). - Acta Soc. Zool. Bohem., 64: 235-265.

– (2004): A review of the genus *Heterometrus* EHRENBERG, 1828, with descriptions of seven new species (Scorpiones, Scorpionidae). - Euscorpius 15: 1-60.

KRAEPELIN, K. (1899): Scorpiones und Pedipalpi. - Das Tierreich, 8. Lieferung, Arachnoidea. R. Friedländer & Sohn: Berlin. 265 S.

KRAPF, D. (1986): Contact chemoreception of prey in hunting scorpions. - Zool. Anz. 217: 119-129.

– (1988a): Skorpione. I. Morphologische Grundlagen, Sexualdimorphismen und Giftigkeit. - Herpetofauna 10 (54): 13-24.

– (1988b): Skorpione. II. Fortpflanzung, Wachstum und Haltung. - Herpetofauna 10 (56): 24-33.

KUNZ, K. (2010): *Lychas mucronatus* (FABRICIUS, 1798). Chinesischer Schwimmerskorpion. - REPTILIA 84: 47-50.

– (2011): Die Stunde der Geburt: seltene Einblicke in die Brutpflege von *Diplocentrus lindo.* – DRACO 47, 3: 54–59.

LAMORAL, B.H. (1979): The scorpions of Namibia. - Ann. Natal Mus. 23: 497-784.

LEEMING, J. (2003): Scorpions of Southern Africa. – Struik Publishers: Cape Town. 88 S.

LEGROS, C., M.F. MARTIN-EAUCLAIRE & D. CATTAERT (1998): The myth of scorpion suicide: are scorpions insensitive to their own venom? - J. Exp. Biol. 201: 2625-2636.

LEVINSON, H. & A. LEVINSON (2006): Über altorientalische Skorpione. – DGaaE Nachrichten 20, 3: 101-114.

LEVY, G. & P. AMITAI (1980): Fauna Palaestina, Arachnida I: Scorpiones - The Israel Academy of Sciences and Humanities, Jerusalem. 130 S.

LIGHTON, J.R.B., P.H. BROWNELL, B. JOOS & R.J. TURNER (2001): Low metabolic rate in scorpions: Implications for population biomass and cannibalism. –J. of Experimental Biology 2004: 607 – 613.

LINSENMAIR, K.E. (1968): Anemomenotaktische Orientierung bei Skorpionen (Chelicerata, Scorpiones). - Z. vergl. Physiol. 60: 445-449.

LIPPE, R. (1998): Skorpione im Terrarium. - REPTILIA 3 (5): 29-33.

LORET, E. & B. HAMMOCK (2001): Structure and neurotoxicity of venoms. - in: Scorpion biology and research, P.H. BROWNELL & G.A. POLIS (Hrsg.). Oxford University Press: Oxford. S. 204-232.

LOURENÇO, W.R. (1991): Biogéographie évolutive, écologie et les stratégies biodémographiques chez les scorpions néotropicaux. - C. R. Soc. Biogéogr. 67: 171-190.

– (1997): Additions à la faune de scorpions néotropicaux (Arachnida). - Revue suisse de Zoologie 104: 587-604.

– (1998): Panbiogéographie, les distributions disjointes et le concept de famille relictuelle chez les scorpions. - Biogeografica 74: 133-144.

– (2001): Scorpion diversity in tropical South America. - in: Scorpion biology and research, P.H. Brownell & G.A. Polis (Hrsg.). Oxford University Press: Oxford. S. 406 – 415.

– (2002): Scorpiones. – in: Amazonian Arachnida and Myriapoda. Adis, J. (Hrsg.). Pensoft Publ.: Sofia. S. 399-438.

– (2006): Further considerations on the genus *Buthacus* Birula, 1908 (Scorpiones, Buthidae), with a description of one new species and two new subspecies. – Bol. Soc. Entomol. Aragonesa 38: 59-70.

– & J.L. Cloudsley-Thompson (1996): Recognition and distribution of the scorpions of the genus *Pandinus* Thorell, 1876 accorded protection by the Washington Convention. - Biogeografica 72: 133-143.

- (2003): Compléments à la faune de scorpions (Arachnida) de l'Afrique du Nord, avec des considerations sur le genre *Buthus* Leach, 1815. - Revue suisse de Zoologie 110: 875-912.

– & O. Cuellar (1994): Notes on the geografy of parthenogenetic scorpions. - Biogeografica 70: 19-23.

– & O. Cuellar (1999): A new all-female scorpion and the first probable case of arrhenotoky in scorpions. – J. Arachnol. 27: 149-153.

Löser, S. (1991): Exotische Insekten, Tausendfüßer und Spinnentiere. - Eugen Ulmer: Stuttgart. 175 S.

Mahsberg, D. (1990): Brood care and family cohesion in the tropical scorpion *Pandinus imperator* (Koch) (Scorpiones: Scorpionidae). - Acta Zool. Fennica 190: 267-272.

– (1997): Überlebende Fossilien: Wie Skorpione ihre Fortpflanzung sichern. - REPTILIA 2: 43-48.

– (1998): Skorpione - soziale Räuber? - REPTILIA 3: 24-28.

Mahsberg, D. (2001): Brood care and social behavior. - in: Scorpion biology and research, P.H. Brownell & G.A. Polis (Hrsg.). Oxford University Press: Oxford. S. 257-277.

Manns, K. (2008): Leben mit Vogelspinnen. - Natur und Tier - Verlag: Münster. 175 S.

Mattoni, C.I. (2002). La verdadera identidad de *Bothriurus vittatus* (Guérin-Meneville, 1838) (Scorpiones, Bothriuridae). – Revue Arachnologique, 14(5): 59–72.

– & Peretti, A.V. (2004): The giant and complex genital plugs of the *asper* group of *Bothriurus* (Scorpiones, Bothriuridae): morphology and comparison with other genital plugs in scorpions. – Zoologischer Anzeiger 243: 75-84.

– & L.E. Acosta (2006): Systematics and distribution of three *Bothriurus* species (Scorpiones, Bothriuridae) from central and northern Chile. – Studies on Neotropical Fauna and Environment, 41(3): 235–250.

Mebs, D. (2010). Gifttiere. – Wissenschaftliche Verlags-Gesellschaft: Stuttgart. 430 S.

Molisani, G. (2005): *Parabuthus transvaalicus*. – REPTILIA 10 (3), 53: 37-39.

Mora, C., D.P. Tittensor, S. Adl, A.G.B. Simpson & B. Worm (2011): How many species are there on earth and in the ocean? – PloS Biol. 9 (8): e1001127. doi:10.1371/journal.pbio.1001127

Müller, G. (1993): Scorpionism in South Africa. – S. Afr. Med. J. 83: 405-411.

Nemenz, H. & J. Gruber (1967): Experimente und Beobachtungen an *Heterometrus longimanus petersii* (Thorell) (Scorpiones). - Verh. Zool. Bot. Ges. Wien 107: 5-24.

Niaussat, P.-M. & C. Grenot (1968): Die Widerstandsfähigkeit von Skorpionen und anderen Gliedertieren gegen ionisierende Strahlung. - Natur und Museum 98: 361-368.

Nisani, Z. & W.K. Hayes (2011): Defensive stinging by *Parabuthus transvaalicus* scorpions: risk assessment and venom metering. – Animal Behaviour 81: 627-633.

Peretti, A.V. (1997): Relación de las glándulas caudales de machos de escorpiones Bothriuridae con el comportamiento sexual (Scorpiones). - Revue Arachnologique 12: 31-41.

Polis, G.A. (1979): Prey and feeding phenology of the desert sand scorpion *Paruroctonus mesaensis* (Scorpionida: Vaejovidae). - J. Zool. Lond. 188: 333-346.

– (Hrsg.) (1990a): The biology of scorpions. - Stanford University Press: Stanford, California. 587 S.

– (1990b): Ecology. - in: The biology of scorpions, G.A. Polis (Hrsg.). Stanford University Press: Stanford, Calif. S. 247-293.

– (2001): Population and community ecology of desert scorpions. - in: Scorpion biology and research, P.H. P.H. Brownell & G.A. Polis (Hrsg.). - Oxford University Press: Oxford. S. 302-316.

– & R.D. Farley (1979): Behavior and ecology of mating in the cannibalistic scorpion, *Paruroctonus mesaensis* Stahnke (Scorpionida: Vaejovidae). - J. Arachnol. 7: 33-46.

– (1980): Population biology of a desert scorpion: survivorship, microhabitat, and the evolution of life history strategy. - Ecology 61: 620-629.

– & S.J. McCormick (1987): Competition and predation among species of desert scorpions. - Ecology 68: 332-343.

– & W.D. Sissom (1990): Life history. - in: The biology of scorpions, G.A. Polis (Hrsg.). Stanford University Press: Stanford, Calif. S. 161-223.

– & T. Yamashita (1991): The ecology and importance of predaceous arthropods in desert communities. - in: The ecology of desert communities, G.A. Polis (Hrsg.). The University of Arizona Press: Tucson. S. 180-222.

Prendini, L., T.M. Crowe & W.C. Wheeler (2003): Systematics and biogeography of the family Scorpionidae (Chelicerata: Scorpiones), with a discussion on phylogenetic methods. - Invert. Syst. 17: 185–259.

– & W.C. Wheeler (2005): Scorpion higher phylogeny and classification, taxonomic anarchy, and standards for peer review in online publishing. - Cladistics 21: 446-494.

Prendini, L. (2011): Order Scorpiones C. L. Koch, 1850. - in: Animal biodiversity: An outline of higher-level classification and survey of taxonomic richness, Z.-Q. Zhang (Hrsg.), Zootaxa 3148: 115-117.

Pringle, L. & G.A. Polis (2008): Scorpion man: Exploring the world of scorpions. – Aladdin Paperbacks: New York. 48 S.

Probst, P.J. (1972): Zur Fortpflanzungsbiologie und zur Entwicklung der Giftdrüsen beim Skorpion *Isometrus maculatus* (De Geer, 1778) (Scorpiones, Buthidae). - Acta tropica 29: 1-87.

Radmanesh, M. (1998): Cutaneous manifestations of the *Hemiscorpius lepturus* sting: a clinical study. - International Journal of Dermatology 37: 500-507.

Rao, K.P. & M. Habibulla (1973): Correlation between neurosecretion and some physiological functions of the scorpion *Heterometrus swammerdami*. - Proc. Indian Acad. Sci. 77: 148-155.

Rayor, L.S. & L.A. Taylor (2006): Social behavior in amblypygids, and a reassessment of arachnid social patterns. – J. Arachnol. 32: 399-421.

Rein, J.O. (1993): Sting use in two species of *Parabuthus* scorpions. – J. Arachnol. 21: 60-63.

– (2008): A review of the scorpion fauna of Europe. - Online unter <http://www.ntnu.no/ub/scorpion-files/> (11.11.2011)

– (2012): The Scorpion Files. Online unter http://www.ntnu.no/ub/scorpion-files/ (04.04.2012)

Rolf, J. (1998): *Pandinus imperator*. Erfahrungen. – Skorpions-News 3: 109-110.

Rössel, D. (2011): Skorpione als gefährliche Tiere – die landesrechtlichen Regelungen. – DRACO 47, 3: 67-69.

Rowe, A.H. & M.P. Rowe (2008): Physiological resistance of grasshopper mice (*Onychomys* spp.) to Arizona bark scorpion (*Centruroides exilicauda*) venom. – Toxicon 52: 597-605.

Rubio, M. (2000): Scorpions. – Barron's: New York. 95 S.

Schäfer, C.N., L.R. Nissen, L.T. Kofoed & F.O. Hansen (2010): A suspected case of systemic envenomation syndrome in a soldier returning from Iraq: implications for Special Forces operations. – Military Medicine 175: 375-378.

Schiejok, H. (1996): *Androctonus australis* (Linnaeus, 1758). Eine Monographie. - SkorpionsNews, Buthus-Fachverlag: Remscheid. 38 S.

– (1998a): Skorpione - immer noch „Abfallprodukte" der Terraristik. - REPTILIA 3: 34.

– (1998b): Skorpione - praktische Tipps zur Anschaffung und Pflege. – Buthus-Fachverlag. 78 S.

– (1998c): Skorpionsstiche und andere Unfälle beim Handling. – Skorpions-News 3: 53-58.

Schmidbauer, H. (1982): Erfahrungen bei der Nachzucht von Sahara-Dickschwanzskorpionen. - Herpetofauna 18: 16-21.

Schmidt, G. (1992): Skorpione und andere Spinnentiere. – Landbuch-Verlag: Hannover. 96 S.

Schneider, F. (2009): Erkrankungen und Parasiten von Vogelspinnen. – TERRARIA 19: 20-40.

Schofield, R.M.S. (2001): Metals in cuticular structures. - in: Scorpion biology and research, P.H. Brownell & G.A. Polis (Hrsg.). Oxford University Press: Oxford. S. 234-256.

Schultz, J. (1995): Die Ökozonen der Erde. – UTB: Stuttgart. 535 S.

Seiter, M. (2011): Haltung und Nachzucht von Skorpionen der Gattung *Tityus* im Terrarium. – DRACO 47, 3: 22-28.

Shachak, M. & S. Brand (1983): The relationship between sit and wait foraging strategy and dispersal in the desert scorpion, *Scorpio maurus palmatus*. - Oecologia 60: 371-377.

Simard, J.M. & D.D. Watt (1990): Venoms and toxins. - in: The biology of scorpions, G.A. Polis (Hrsg.). Stanford University Press: Stanford, Calif. S. 414-444.

Sissom, W.D. (1990): Systematics, biogeografy, and paleontology. - in: The biology of scorpions, G.A. Polis (Hrsg.). Stanford University Press: Stanford, Calif. S. 64-160.

– (1991): The genus *Vaejovis* in Sonora, Mexico (Scorpiones, Vaejovidae). – Insecta Mundi 5 (3/4): 215–225.

–, G.A. Polis, & D.D. Watt (1990): Field and laboratory methods. - in: The biology of scorpions, G.A. Polis (Hrsg.). Stanford University Press: Stanford, Calif. S. 445-461.

Soleglad, M.E. (1976): The taxonomy of the genus *Hadrurus* based on chela trichobothria (Scorpionida, Vejovidae). - J. Arachnol. 3: 113-134.

– & V. Fet (2003): High-level systematics and phylogeny of the extant scorpions (Scorpiones: Orthosterni). - Euscorpius 11: 1-175.

Stachel, S.J., S.A. Stockwell & D.L. Van Vranken (1999): The fluorescence of scorpions and cataractogenesis. - Chemistry & Biology 6 (8): 531-539.

Stahnke, H.L. (1966): Some aspects of scorpion behavior. - Bull. South. Calif. Acad. Sci. 65: 65-80.

Stahnke, H.L. (1970): Scorpion nomenclature and mensuration. - Ent. News 81: 297-316.

Steinmetz, S.B., K.C. Bost & D.D. Gaffin (2004): Response of male *Centruroides vittatus* (Scorpiones: Buthidae) to aerial and substrate-borne chemical signals. – Euscorpius 12: 1-6.

Stockmann, R. & E. Ythier (2010): Scorpions of the World. – N.A.P. Edit.: Verrières-le-Buisson. 575 S.

Striffler, B. (2001): Revision of the genus *Iomachus* Pocock, 1893 (Scorpiones, Ischnuridae). - Unveröff. Diplomarbeit. Mathem.-Nat.wiss. Fakultät der Rheinischen Friedrich-Wilhelms-Universität. 78 S.

– (2004): Skorpione – Eine kurze Übersicht. Teil III: Systematik und Bestimmungsschlüssel. – Arachne 6: 10-17.

– (2007): Der Dickschwanzskorpion *Androctonus australis*. – Natur und Tier - Verlag: Münster. 61 S.

– (2011a): Skorpione - Jäger der Nacht. – DRACO 47, 3: 4–21.

– (2011b): Afrikanische Riesenskorpione der Gattung *Pandinus* – mehr als nur der Kaiserskorpion. – DRACO 47, 3: 29-33.

– (2011c): Nordafrikanische Skorpione. – DRACO 47, 3: 45–53.

– (2011d): Die Skorpione Europas – *Euscorpius*, *Buthus* & Co. – DRACO 47, 3: 60–66.

– (2011e): Das Instituto Butantan – Institut der Gifte. – DRACO 47, 3: 70–77.

Tietz, A. (2007): Europäische Skorpione der Gattung *Euscorpius* Thorell, 1876. – TERRARIA 2 (2), Nr 5: 54–60.

–& A. Stürtz (2008): Der Fünfstreifenskorpion *Leiurus quinquestriatus*. – Natur und Tier - Verlag: Münster. 61 S.

Tobler, I. & J. Stadler (1988): Rest in the scorpion – a sleeplike state? - J. comp. Physiol. 163: 227-235.

Toscano-Gadea, C.A. (1998): *Euscorpius flavicaudis* (DeGeer, 1778) in Uruguay: First record from the New World. - Newsl. Br. Arachnol. Soc. 81: 6.

Vachon, M. (1952): Etudes sur les scorpions. - Algier: Institut Pasteur d'Algérie. 482 S.

– (1974): Etude des caractères utilisés pour classer les familles et les genres de scorpions (Arachnides). - Bull. Mus. Natl. Hist. Nat. Zool. 104: 857-958.

von Wirth, V. (1996): Vogelspinnen. - Gräfe und Unzer: München. 64 S.

Walter, H. & S.-W. Breckle (2004): Ökologie der Erde Band 2: Spezielle Ökologie der Tropischen und Subtropischen Zonen. - Stuttgart: Schweizerbart'sche Verlagsbuchhandlung. 764 S.

Warburg, M.R. (1997): Biogeografic and demographic changes in the distribution and abundance of scorpions inhabiting the Mediterranean region in northern Israel. - Biodiversity and Conservation 6: 1377-1389.

Warburg, M.R. (2010): Reproductive system of female scorpion: a partial review. – The Anatomical Record 293: 1738-1754.

– (2011a): Growth and longevity of *Nebo hierichonticus* in the laboratory; a long-term study (Scorpiones, Diplocentridae). – Bull. Br. arachnol. Soc. 15: 168-172.

– (2011b): Scorpion reproductive strategies, allocation and potential: a partial review. – Eur. J. Entomol. 108: 173-181.

Warburg, M.R. & G.A. Polis (1990): Behavioral responses, rhythms, and activity patterns. - in: The biology of scorpions, G.A. Polis (Hrsg.). Stanford University Press: Stanford, Calif. S. 224-246.

Watz, M. (2008): Skorpione. – Eugen Ulmer: Stuttgart. 125 S.

Wehner, H. (2011): Haltung und Aufzucht zweier *Parabuthus*-Arten. – DRACO 47, 3: 34-44.

Westheide, W. & R. Rieger (Hrsg.) (2007): Spezielle Zoologie. Teil 1: Einzeller und Wirbellose Tiere. - Elsevier, Spektrum Akad. Verlag: München. 976 S.

Williams, S.C. (1969): Birth activities of some North American scorpions. - Proc. Calif. Acad. Sci. 37: 1-23.

Wolf, H. (2008): The pectine organs of the scorpion, *Vaejovis spinigerus*: Structure and (glomerular) central projections. - Arthropod Structure & Development 37: 67-80.

Wyniger, R. (1974): Insektenzucht. - Eugen Ulmer: Stuttgart. 368 S.

Zeh, S. & D. Rössel (2007): Gefährliche Tiere: Neue Regelung in Hessen. – REPTILIA 68, 12: 3–4.